JN079792

―ドキュメントの活用でオフィスなしでも
最大の成果を出すグローバル企業のしくみ―

GitLab
に学ぶ

世界最先端の
リモート組織
のつくりかた

The How-To Guide on Creating
the World's Most Advanced
Remote Organization

［監修］

GitLab スタッフソリューション
アーキテクト

GitLab シニアソリューション
アーキテクト

［著者］

伊藤俊廷／佐々木 直晴　千田和央

SE
SHOEISHA

本書内容に関するお問い合わせについて

このたびは翔泳社の書籍をお買い上げいただき、誠にありがとうございます。弊社では、読者の皆様からのお問い合わせに適切に対応させていただくため、以下のガイドラインへのご協力をお願い致しております。下記項目をお読みいただき、手順に従ってお問い合わせください。

●ご質問される前に

弊社Webサイトの「正誤表」をご参照ください。これまでに判明した正誤や追加情報を掲載しています。

正誤表　https://www.shoeisha.co.jp/book/errata/

●ご質問方法

弊社Webサイトの「刊行物Q&A」をご利用ください。

刊行物Q&A　https://www.shoeisha.co.jp/book/qa/

インターネットをご利用でない場合は、FAXまたは郵便にて、下記"翔泳社愛読者サービスセンター"までお問い合わせください。
電話でのご質問は、お受けしておりません。

●回答について

回答は、ご質問いただいた手段によってご返事申し上げます。ご質問の内容によっては、回答に数日ないしはそれ以上の期間を要する場合があります。

●ご質問に際してのご注意

本書の対象を越えるもの、記述個所を特定されないもの、また読者固有の環境に起因するご質問等にはお答えできませんので、予めご了承ください。

●郵便物送付先およびFAX番号

送付先住所　〒160-0006　東京都新宿区舟町5
FAX番号　03-5362-3818
宛先　　　　（株）翔泳社 愛読者サービスセンター

はじめに　最先端の組織づくりに再現性を持たせる

　ビジネスを成功に導く「良い組織」を実現したいと願う気持ちは、多くの経営者や人事の方に共通する思いではないでしょうか。一方で、そのような組織を実現するためには天才的なひらめきや特別な才能が不可欠である、とも感じているかもしれません。本書ではそうした思い込みを否定し、「**パフォーマンスの高い組織は、誰でも再現性を持って実現可能である**」と主張しています。

　また、本書ではリモート組織に関するテーマを扱ってはいますが、**その内容はリモート組織にとどまるものではなく、あらゆる企業にとって効果があり再現性のある形**で論じるように心掛けています。皆さんの属する組織がどのような形態であっても、組織をより向上させるためのヒントが見つけられるはずです。

　「カルチャーとは何か」「パフォーマンスとは何か」といった、重要だが人によって解釈が分かれるようなテーマについても理論や定義を引用して可能な限り言語化することに取り組んでいます。こうした研究を知ることで人間の感情や人と人の関係性に対する面白さを感じていただければと思います。

リモート組織づくりの教科書
「GitLab Handbook」との出会い

　今でこそ落ち着きを取り戻しつつありますが、COVID-19が流行したことで社会は混乱し、あらゆる企業がどうやって事業を継続していくべきかを模索し続けてきました。

　当時、筆者が企業人事として属していた組織はオフィスで顔を

合わせ、対面でのコミュニケーションを重視する、どこにでもある普通の企業でした。オフィス中心の組織に居心地の良さは感じていましたが、いつウイルスの猛威が落ち着くかもわからない中で、海外も含めてトレンドを整理していくとリモートワークを導入する流れは避けられないのではないかと焦りを感じていました。そのため、オフィスを起点とした働き方を前提に考えながらも、パフォーマンスの高いリモート組織を実現する方法についても並行してリサーチを行っていたのです。

そうした中で出会ったのが当時**世界最大のリモート組織**と呼ばれていたソフトウェア開発企業「GitLab」です。GitLabは最先端のリモート組織を運営するノウハウを「**GitLab Handbook**」という名称でWebサイト上に詳細に公開していました。筆者はハンドブックをはじめて目にした際に、根拠に裏付けされた情報の価値の高さとその圧倒的なボリュームに強い衝撃を受けたことを覚えています。

ハンドブックには世の中でリモートワークが一般的になる前からGitLabが蓄積してきた歴史が詰め込まれていました。学術的な研究やフレームワークを積み重ねることで体系化がなされ、実際の組織運営を通じて磨かれ続けてきた素晴らしいドキュメントが全世界に向けて惜しげもなく公開されていたのです。「車輪の再発明」という言葉がある通り、確立したノウハウが存在しているのであれば、その成功事例をベースに活用することが効率的であると考えました。

筆者は「GitLab Handbook」を読み込んでエッセンスや裏付けを解釈しながら、地道に所属組織に実装していきました。ローコンテクスト（文脈に頼らない・空気を読むことを求めない）コミュニケーションやドキュメンテーション文化など、オフィス中心

のカルチャーからすると違和感を抱く内容も多く、同僚たちもはじめは戸惑いを感じていました。しかし、これらが必要とされる背景や目的、なぜこれが重要なのかという意義を粘り強く説明し、実際に効果を感じてもらうことで徐々に組織に浸透し、今ではリモート組織に慣れていない新入社員が入ってきても安心してパフォーマンスを発揮できる土壌が整ってきています。

　私がGitLabの手法を導入した組織はまだ数十名程度のスタートアップ企業ですが、組織づくりの取り組みを評価していただき、厚生労働省が従業員のパフォーマンスを引き出し、日本を代表するキャリア構築を実現できる企業を表彰している「グッドキャリア企業アワード」をヤフー株式会社やNTTコミュニケーションズ株式会社といった名だたる企業と並んで受賞することができました。その他にも、同省が日本を代表するテレワーク企業を表彰している「輝くテレワーク賞」、東京都の「TOKYOテレワークアワード」といったさまざまな賞をいただく機会にも恵まれました。こうしたアワードの選考委員には、経営学や組織論を専門とされる大学の教授や専門家の方たちが参加していることから、自分たちがやっていることが組織開発理論や世界のトレンドにも合致している方向へ進められているのだと確信を得ることにもつながりました。筆者は特別なことを行ったわけではなく、「GitLab Handbook」の思想を丁寧に読み解き、地道に再現してきただけです。こうしたことからもわかるように、「GitLab Handbook」の手法には再現性があり、着実に歩みを進めていくことで誰でもグローバルスタンダードの組織体制を構築できるはずです。

　それだけではなく、「GitLab Handbook」を読み込んで非同期（タイムラインに縛られない）業務スタイルを理解していくうちに、GitLabの非同期業務スタイルはリモート組織に限らず、「オ

フィス中心の企業にとっても非常に価値が高いものである」ことに気が付きました。オフィスで働いているとあまり自覚することはありませんが、たとえ隣り合って同じ時間に仕事をしていたとしても、実は私たちの仕事の多くは「非同期」で行われています。大半の業務が非同期で行われているのであれば、GitLabの洗練された非同期業務スタイルはオフィス中心のカルチャーを持つ組織にとっても効率化を進める上で役立つはずです。

　本書では「GitLab Handbook」の内容を単純に説明するだけでなく、筆者がオフィス中心の組織からリモート組織に移行した経験を交え、必要な観点やケアすべき点を具体的に説明しています。リモート組織を実現するための知見だけでなく、オフィス中心の組織であっても活用できる業務ノウハウも盛り込んでいます。これによって、完全なリモート組織を目指すこともできますし、リモートワークとオフィスワークを混合したハイブリッド組織、オフィス中心の組織、いずれの形態に対しても効率的な組織を実現するために活用できるよう力を尽くしました。

　本書では世界最先端のリモート組織を実現するためのデータやノウハウを、GitLab社が公開している「GitLab Handbook」をベースにしながら4部構成で解説していきます。

　「GitLab Handbook」にはさまざまな知見が記載されていますが、公式Webサイトで公開されている情報は3,000ページ弱という膨大な情報量になります。機会があれば公式情報も目を通していただきたいと思っていますが、いきなりこれらすべてを読み解くのはハードルが高いため、本書では以下の構成にまとめ、各施策の背景まで理解しやすいように整理しています。

①世界最先端といわれるリモート組織の実態やメリットなどの

概要説明

②世界最先端のリモート組織への移行プロセス、発生する問題への対処法

③リモート組織が円滑に機能するためのカルチャーの醸成方法

④リモート組織でパフォーマンスを上げるための人事制度・業務ルール設計

このように、①目指す姿（ゴール）の理解、②移行の流れ、③組織全体に対する組織開発の方針、④具体的な制度設計という順番で読み解いていきます。

本書の読者は経営者や人事、マネージャー、チームリーダーなど、より良いチームづくりに努力しているさまざまな方を想定しています。皆さんの中にも、インターネットや書籍で見つかるノウハウを真似してみたが思ったよりも効果につながらなかった、という経験をした方もいらっしゃるのではないでしょうか。そうした失敗は公開されている施策やアイデアの背景に隠れている「狙い」や「考え方」、「根拠」を意識できておらず、付け焼き刃や単発の施策になってしまった結果、十分な効果につながらないまま終わってしまうケースが多いのではないかと想像しています。施策の根底に共通している「狙い」や「考え方」、「根拠」を把握できれば、施策や計画を組織やチームの状況に合わせて最適な形へと修正したり、すぐに効果が出なくても悲観したりせずに続けていけるようになるはずです。

また、繰り返しにはなりますが、筆者がハンドブックを参考にして導入できたことからもわかるように、GitLabは組織をシステムとして捉えています。根拠の積み重ねによって組織を構築しているため、GitLabの手法を学ぶことで、特別な才能に頼らず、

誰であっても最先端のリモート組織を構築できる再現性を有しています。それぞれの施策やルールの根底に流れるロジックのつながりを理解することで、絶対に押さえなければならない要点や焦らずに後からでも対応できるポイントなどの優先順位が判断できるようになるはずです。

　本書の目的は、具体的なノウハウの説明にとどまらず、HR（企業における人的資源の活用）の観点から施策やルールの背景に隠れている「狙い」や「考え方」、「根拠」までを解説することで、最先端のリモート組織を構築したいと考えているリーダーが「実際に実現できるようになる」ことを目指しています。グローバルスタンダードを満たすリモート組織が増えることは多様な人材が活躍できる場が増えることでもあり、日本社会において求め続けられてきた生産性の向上や多様性の活用につながるはずです。

　本書が試行錯誤を続けるリーダーの一助となり、世界を相手にしても遜色のないリモート組織の誕生へとつながればこれほどうれしいことはありません。また、すでに一定のリモート組織を実現できている企業であれば、新入社員がリモート組織を理解するためのインプット資料として活用できるようにも執筆しています。新たにリモート組織に所属する方がスムーズかつ効果的に活躍できるきっかけになれたら、これもまた幸甚の極みです。

2023年9月　千田 和央

監修の言葉

　本書は、リモートワークを実践している、もしくは実践しようとしている経営者や人事担当者、マネージャー、チームメンバー向けに有用な示唆が多く含まれています。一方で、リモートワークがほとんどできていないオフィス環境で働く方たちにこそ本書を読んでいただきたいと思っています。なぜなら、オフィス環境のほうが、組織の一員の立ち回りとして悪手を取る傾向が強いことが経験的に理解できるからです。アジェンダ設定や共有されたミーティングノートが用意されていないミーティング、狭い情報の公開範囲をデフォルトとして設定するマインド、経営者側による揮発性の高いコミュニケーションの多用などがその一例です。

　本書で示されている考え方を、個人と組織で少しずつ実践できれば、非リモート環境、リモート環境を問わず、長期的に組織で成果を出すための効率性に寄与することができるはずです。

　私はキャリアの志向性の一致に加え、先進的な働き方ができそうなことにも惹かれて、GitLab社に参画しました。現実問題として、最高でない立ち振る舞いにも遭遇しつつも、「こんな風に働いてみたかったんだ」に関する実践結果を、「GitLabで学んだ最高の働き方」と「組織の自律自走を促すコミュニケーション」にまとめ、発表しました。

　その際にも参考にした「GitLab Handbook」は、本書の執筆時点で、英語で3,000ページ弱に及ぶ膨大なものになっています。正直なところ、その量のため、GitLabの従業員でさえすべてを把握するのは困難です。私も本書の監修をさせていただいたことではじめて触れる話題もいくつかあり、大変参考になりました。

本書は、その膨大な「GitLab Handbook」の重要なポイントを要約した内容を日本語で読めることに大きな価値があり、贅沢にも思えます（英語版への翻訳も期待します）。話題によっては、ハンドブックではその学術的な背景に深く触れていない事柄もありますが、本書ではそれについても丁寧に解説しています。著者自身の組織づくりの経験に基づく考え方も随所に散りばめられ、全体として適切なパッケージングになっています。組織や働き方に関する重要な考え方を広める媒体が世の中で増えることになり、うれしい限りです。本職で人事責任者を担う傍ら、本書の執筆に尽力された著者の千田和央氏に大変感謝致します。

2023年9月

GitLabスタッフソリューションアーキテクト　伊藤 俊廷

監修の言葉

2022年2月に行われた「Developers Summit 2022」にて、私たち監修者2人が所属企業GitLabでの働き方を「GitLabで学んだ最高の働き方」として発表させていただき、多くの人たちからたくさんの反響をいただきました。

本書の著者である千田和央氏にもその発表がきっかけとなり、このような素晴らしい書籍の監修のお話をいただき、またその出版を報告できることを大変うれしく思っています。

リモートワークか、オフィスに出社して働いているか、その違いに狭義的に着目すると、それらは勤務する場所の違いでしかありません。いわゆる「現地」に赴く必要がある職業を除けば、たとえば私たちのようなIT業界で働く役割からすれば、そのような狭義の意味でのリモートワークを無理やり開始することは可能だったのではないでしょうか。実際に、コロナ禍ではトップダウンの意思決定により出社日数が制限されるなどのケースも多々あり、強制的にリモートワークカンパニーにならざるを得なかった会社も多く存在したかと思います。

しかし、ほとんどの現代人の仕事がそうであるように、たとえ同じオフィスで働いていても、出社している間ずっと情報を同期しながら働くことはありません。人々がそれぞれコンテクストを持ち、さまざまな役割の中で非同期にコラボレーションする必要がある仕事は、広義的にはリモートワークであるとさえいえます。

このような働き方をするためには、「過去の議論や経緯などの情報が可視化されているか」「意思決定のプロセスが透明化されているか」「多様性が大切にされているか」といったことが重要

であり、コロナによる一時的なリモートワークの波が終わろうとしている今後も、本書が役立つ局面はますます増え続けていくと確信しています。

　今回、この本を通して多くのGitLabで考える働き方の原理原則や、取り入れているプラクティスを多く紹介いただきましたし、監修者の私たちが取り組んでいることの学術的な裏付けも記載していただき、自分たちが正しいと思ってやっていることの答え合わせにもなったと大変感謝しています。

　最後になりましたが、この本を手に取ってくれた皆さんが次世代の働き方をリードし、そのときに本書をお役立ていただければ幸いです。

2023年9月

GitLabシニアソリューションアーキテクト　佐々木 直晴

GitLabに学ぶ 世界最先端のリモート組織のつくりかた

ドキュメントの活用でオフィスなしでも最大の成果を出すグローバル企業のしくみ

●目次●

第1部
リモート組織のメリットを読み解く

第1章
世界最先端のリモート組織「GitLab」

第**4**章

リモートワークで発生する問題と対策

第3部

GitLabが実践するリモート組織を活性化させるカルチャー醸成法

第**5**章

カルチャーはバリューによって醸成される

第8章

心理的安全性の醸成

第4部

GitLabが成果を出すために
実践している人事制度や業務ルール

第9章

個人のパフォーマンスを引き出す

第10章
GitLab Valueに基づいた人事制度

第11章

マネージャーの役割とマネジメントを
支援するためのしくみ

第12章

コンディショニングを実現する

第13章

L&Dを活用してパフォーマンスと
エンゲージメントを向上させる

会員特典データのご案内

本書の読者特典として、「用語集」をご提供致します。本書の理解にご活用ください。
会員特典データは、以下のサイトからダウンロードして入手いただけます。

https://www.shoeisha.co.jp/book/present/9784798179421

※会員特典データのファイルは圧縮されています。ダウンロードしたファイルをダブルクリックすると、ファイルが解凍され、利用いただけます。

※会員特典データのダウンロードには、SHOEISHA iD（翔泳社が運営する無料の会員制度）への会員登録が必要です。詳しくは、Webサイトをご覧ください。

※会員特典データに関する権利は著者および株式会社翔泳社が所有しています。許可なく配布したり、Webサイトに転載したりすることはできません。

※会員特典データの提供は予告なく終了することがあります。予めご了承ください。

※会員特典データの提供にあたっては正確な記述につとめましたが、著者や出版社などのいずれも、その内容に対してなんらかの保証をするものではなく、内容やサンプルに基づくいかなる運用結果に関してもいっさいの責任を負いません。

第1部

リモート組織の
メリットを
読み解く

「GitLab Handbook」について読み解いていく前に、まずはリモートワークを取り巻く環境について読者の皆さんと前提をそろえておきましょう。皆さんもご存じの通り、私たちはCOVID-19を経て、望むと望まざるとにかかわらず、多くの企業がリモートワークを取り入れなければならなくなりました。「リモートワークで仕事ができる」ことを知ってしまった労働者は、もはやその経験を忘れることはできません。物理的にリモートワークができない業種はこれからも存在しますが、そうでない業種では多かれ少なかれリモートワークを取り入れざるを得なくなってしまったともいえます。

　総務省の「令和３年通信利用動向調査の結果」によると、テレワーク導入企業の割合は５割を超え、産業別の導入状況を見ると人材獲得競争が激しい情報通信業においては９割を超えています。

　リモートワークが一般的に活用されている業種においてリモートワークを禁止することは、人材獲得や人材定着の面で大きなディスアドバンテージを背負うことになります。COVID-19が落ち

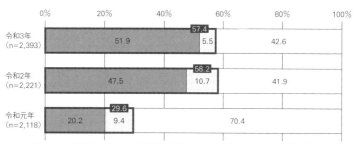

出典：総務省「令和3年通信利用動向調査の結果」
URL：https://www.soumu.go.jp/johotsusintokei/statistics/data/220527_1.pdf

■ テレワークの導入状況

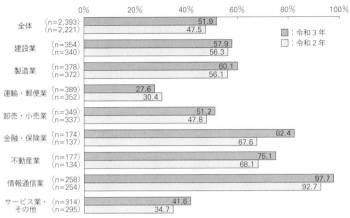

出典：総務省「令和3年通信利用動向調査の結果」
URL：https://www.soumu.go.jp/johotsusintokei/statistics/data/220527_1.pdf

■ 産業別テレワークの導入状況

　着いたことでオフィス回帰の動きも出てきていますが、オフィス
回帰を掲げた企業からの人材流出も一部ニュースで報道されてい
ます。帝国データバンクの「人手不足に対する企業の動向調査
（2023年4月）」によると、すでに正社員の人材不足に陥っている
企業の割合は5割を超えています。こうした状況において優秀な
人材を獲得し、つなぎ留め、事業を健全に継続させるためには、
**何らかの形でリモートワークを前提とした組織づくりは避けられ
ない**のが実情でしょう。

　また、オフィス回帰を掲げている企業も一部を除いて完全にリ
モートワークを排除することを目指しているわけではなく、リ
モートワークで問題が生じている部分をオフィスに戻ることでカバ
ーしようとしているように見受けられます。つまり、リモートワ
ークが必要だとは考えているが、リモートワークをうまく機能さ

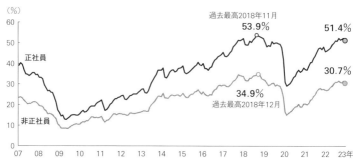

出典：帝国データバンク「人手不足に対する企業の動向調査（2023年4月）」
URL：https://www.tdb-di.com/special-planning-survey/sp20230502.php

■ 人材不足企業の割合

せることができないためにオフィス回帰せざるを得ない、という企業が多いことが実情なのではないでしょうか。

　こうした状況を整理すると、リモートワーク可能な業種に属するあらゆる企業は、採用や定着などの面で不利になることを承知でオフィスに回帰するか、効果的に機能するリモート組織を実現して競合優位性を獲得するという2つの選択肢があることがわかります。たとえオフィスに回帰する場合であっても、完全にリモートワークを排除するのは現実的ではなく、部分的にはリモートワークを容認する形になるでしょう。

　リモートワークが避けられない以上、「**パフォーマンスの高いリモート組織をどうやったら実現できるのか**」というテーマは多くの企業にとって経営課題となります。今のところ、一般的な企業では効率的なリモート組織を実現できているとは言い難く、その結果としてオフィス回帰を考え始める企業も増えているなど、まだまだ試行錯誤の段階に思えます。

　そのような視点で見ると、効率的なリモート組織を実現する方

法がわかっていれば、消極的なオフィス回帰ではなく、組織にとって最も効率的に働ける場所のデザインが可能になります。早い段階で最先端のリモート組織の構築方法を理解することは、他社に先駆けて事業成長のスピードを向上させたり、人材獲得などの面において大きな競争力となるはずです。

　この前提を踏まえて、第1部では**GitLabについての解説とリモート組織で得られるメリット**について解説していきます。あらゆる計画においてゴール設定が重要であるように、「世界最先端のリモート組織が実現できている状態」という具体的なイメージが描けなくては理想と現状のギャップが測れず、どこから手を付けたら良いのかわかりません。また、皆さんが経営者として大きな決断を下す裁量を持っていれば不要かもしれませんが、そうでない場合には組織を大きく変化させるというリスクに対して組織が得られるメリットを十分に説明できなくては、意思決定者や周囲の人たちの賛同を得ることは難しいはずです。

　こうした課題に応えるために、第1章ではGitLabで働く世界67カ国にまたがるメンバーがどのようにコラボレーションしながら時価総額9,000億円を超えるまでになり、その卓越した実績がハーバード・ビジネス・スクールで議論されるケース問題として選ばれるまでになったのか、その足跡をたどっていきます。これによってGitLabがどんな会社で、どのようにして現在のような価値観を得るに至ったのか、そのヒントを知ることができるはずです。

　第2章では、最先端のリモート組織を実現することでどのようなメリットを享受できるのかについて、具体的に紐解いていきます。GitLabは世界中の優秀な人材を効率良く採用し、育成し、定着させ、パフォーマンスを引き出すことができています。

GitLabの手法を活用することで、皆さんの組織でも高いエンゲージメントと成果にこだわるカルチャーを醸成し、人にまつわる多くの課題を解決することが可能です。しかし、こうしたメリットを獲得するためにはリモート組織に対する正しい理解が不可欠です。多くの企業ではオフィスワークができなくなってしまったため、あくまで補完的な要素としてリモートワークを捉えている傾向があります。しかし、GitLabはリモートワークをオフィスワークの代替として考えておらず、リモートワークこそパフォーマンスを最大化させる組織の基盤であると捉えています。オフィスありきではなく、**リモートありきで考えるという発想の転換**こそが最先端のリモート組織を構築する上で避けられない視点なのです。

　これらの解説を通じて、最先端のリモート組織はどのような状態であり、どんなメリットが得られるのかという視点において解像度を上げていきましょう。

第 **1** 章

世界最先端のリモート組織
「GitLab」

GitLabは世界67カ国以上にまたがり、2,000名を超えるメンバーが在籍している「**オールリモート企業**」です。日本ではフルリモートという言葉に馴染みがありますが、GitLabは自分たちのことをオールリモート企業であると宣言しています。オールリモートとは文字通り「すべて」がリモートを前提としてつくられている組織です。オフィスを持たず、世界中に従業員がいるので決まった就業時間やコアタイムなどのタイムラインも持ちません。非同期（時間を合わせない）コミュニケーションを前提とすることで、世界中いつどこからでも場所と時間に縛られないコラボレーションを可能にしています。

　GitLabはこうしたオールリモートの方法で法人化から7年後、2021年にNASDAQに上場を果たし、時価総額64億ドル（日本円にして約9,000億円〈2023年8月時点の為替相場で計算〉）のユニコーン企業として成功を収めています。

　このように文字にしてみると味気ないですが、皆さんの組織と重ね合わせてGitLabのような組織が実現できるか想像してみてください。67カ国という地球の表と裏に満遍なく散らばった多様な国籍を持つ2,000名を超える従業員が、たった1つのサービスを協力して成長させていく活動が現実に行われていることは本当に驚くべきことではないでしょうか。価値観も常識も違う人たちがどのようにコラボレーションを行い、どんな意思決定のプロセスで物事を決定し、従業員のモチベーションを引き出し、パフォーマンスにつなげているのか、考えるとワクワクします。

　本章では、このようなユニークな組織であるGitLabがどのような経緯を経て成り立ち、どうやって成長してきたのかを見ていくことで、リモート組織としての軸となる思想を読み解いていきます。

偉大なリモート組織は
ウクライナの水道のない家から生まれた

　サービスとしての「GitLab」はDevOpsプラットフォームと呼ばれる、効率的なソフトウェア開発を支援する製品です。開発者と運用者がコラボレーションし合い、ユーザーに迅速かつ継続的にプロダクトやサービスの提供を行える価値を提供しています。

　2011年、ウクライナの水道もない家に暮らしていた共同創業者ディミトリー・ザポロゼツ氏が、優れたコラボレーションを追求するためのプロジェクトとしてGitLabをスタートさせました。「毎日の井戸への水汲みよりも、ソフトウェア開発者たちがコラボレーションするツールがないことのほうが問題だと感じていた」というモチベーションに基づいて、OSS（オープンソースソフトウェア）として世界中の開発者からの貢献を受けながら育まれていきます。

　その後、オランダ人の共同創業者でCEOのシッツェ・シブランディ氏がこのビジョンに共感して2014年に法人化しました。翌年にシードアクセラレーター（スタートアップの成長を支援する組織）として著名なYコンビネータに参加するためシリコンバレーにチームは集いましたが、通勤よりも開発に集中したいと3日目にして誰もオフィスに来なくなったところからリモート組織の探求が始まっています。

　2015年に9名だったメンバーは、オールリモートの環境でパフォーマンスの最大化を模索しながら2,000名まで拡大しました。オフィスを持たないまま4億2,600万ドルを調達し、2021年8月時点で100万人以上の有料課金ユーザーと3,000万人以上の登録ユーザー数を抱える規模にまで成長しています。

コラボレーションのための
リモートワークという発想の転換

　リモートワークと聞くと「分業」や「孤独」というイメージを持つ方もいるかもしれません。オフィスで顔を合わせない上に、さらに非同期でのコミュニケーションを前提とするなんて人情がわかっていないロボットのようになってしまう、と考えるのも無理はないでしょう。実際、リモートワークでは孤独感を覚えている人が多く、パーソル総合研究所が2020年に行った「テレワークにおける不安感・孤独感に関する定量調査」では約3人に1人が「私は孤立している」と感じています。

　しかし、GitLabの歴史を見ると、彼らが考えるリモートワークは真逆の発想から始まっていることがわかります。非同期のコミュニケーションを前提としていますが、同期のコミュニケーションをないがしろにしているわけではありません。GitLabは同期コミュニケーションがコラボレーションに不可欠であることを理解しており、むしろ**従来のオフィスワーク企業よりも強い信念を持って同期コミュニケーション**を行っています。

　GitLabのカルチャーは、「GitLab Value」「仲間意識（信頼と友情）」「ワークスタイル」という3つの要素で構築されており、仲間意識を醸成するためにインフォーマルコミュニケーション（業務外の日常的な会話、雑談、何気ないやり取り）が「意図的」に設計されています。

　コーヒーチャットと呼ばれる社内メンバーとの雑談を毎週数時間行うことを推奨していたり、年に一度世界中からGitLabメンバーが1カ所に集まる「GitLab Contributes」という全社サミットを開催したりするなど、さまざまなインフォーマルコミュニケ

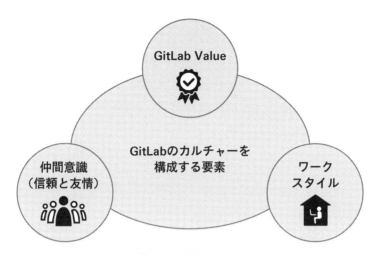

■ GitLabのカルチャーを構成する要素

ーション施策を行っています。日本でも交流ランチ会や会社のメンバーを集めた運動会などを行っている企業がありますが、効果につながらなかったり継続できなかったりするのは「取りあえずやること」が目的となってしまい、達成したい目的やプロセスが曖昧で根拠に基づいておらず、よくわからないから続かないという状態になってしまっているのではないでしょうか。人間的な感情の交流が存在していることがパフォーマンスやコラボレーションの上で必要不可欠であることを根拠に基づいて認識し、効果の振り返りや従業員目線での継続的な改善が行われていかなければ、こうした取り組みの継続は難しいでしょう。

　GitLabでは効果的なコラボレーションをする上で必要な要素をしっかりと言語化し、同期／非同期コミュニケーションにおけるそれぞれの特性を理解した上で、コラボレーションのために最適な活用方法を模索しています。

出典：Previous GitLab Contributes（Formerly Summits）
URL：https://about.gitlab.com/company/culture/contribute/previous/

■ GitLab Contributesの様子（2019年）

　次ページの図は、GitLabで活用されているコミュニケーション手段と特性を表したものです。基本的にGitLabでは電話や会議など、揮発性の高い情報や複数の場所に類似した情報が混在している状態を良しとしていません。関係者であれば誰もがアクセスでき、情報同士の関連性が可視化されている一元管理された（その情報が他の場所に存在しない）揮発性の低い情報源に情報を集約するようにしています。この一元管理された揮発性の低い情報源のことをSSoT（信頼できる唯一の情報源）と呼んでいます。**最新の正確な情報が1カ所にしか存在しないのはドキュメント文化を発展させる上で非常に重要な概念です。**

　このようなコラボレーションのためのスタイルが根付いたのは、ウクライナから始まったGitLabが、OSSとして多様な価値観・タイムラインの開発者が協力することでつくり上げられてきた歴史に関連しています。つまり、リモートワークという概念以前に、世界中のありとあらゆる人たちがコラボレーションするための最

信頼できる唯一の情報源

●透明性の高い文書

●機密性の高い文書

●イシュー　　　　　●同時編集可能な文書

●Wiki

同期 ——————————————————— 非同期

●チャット

●Webミーティング

●ミーティング　　　　　●メール

●電話

集約されていない揮発性の高い情報

出典：「組織の自律自走を促すコミュニケーション」より一部改変
URL：https://learn.gitlab.com/effective-communication-for-autonomous-organization

■ GitLabで活用されているコミュニケーション手段と特性

適化されたプロセスがまず存在し、それを組織として活用しているというイメージが近いかもしれません。

　こうしたGitLabの取り組みは、将来を豊かにする働き方を実現する上で重要な事例としてハーバード・ビジネス・スクールのMBAにおいてケース問題として議論の対象となる[1]など、世界中から大きな注目を集めています。

リモート組織を支える
オープンソース・ソフトウェアの概念

　GitLabがオールリモート環境でここまで成長できた背景として、**OSS（オープンソースソフトウェア）の概念を組織へと拡大して適用することで効率的なコラボレーションを成し遂げてきたこと**をハンドブックから読み取ることができます。これからリモート組織を構築することを考える企業にとっても、この考え方

が鍵になると筆者は捉えています。

　OSSとは、目的を問わずソフトウェアとソースコードを誰でも使用できるライセンスに基づいてリリースされるソフトウェアです。OSSの中にはオープンで透明性のあるプロセスに従って、利害関係のない多くの人たちが協力して開発していくケースがあります。そういったOSSでは年齢・性別・国籍に関わりなくすべての人が貢献でき、提案の内容が共通目的のために良い提案であれば認められ、新しい変更によって悪い影響が生じればすぐに修正されるというエコシステムが構築されています。ソフトウェアが良くなるのであれば、たとえ経験が浅い人の提案であってもすべてが認められ、そうでなければ著名な人の提案であっても取り入れられることはありません。

　GitLabはこの考え方を組織に適用することで、オールリモート組織の健全性維持とプロダクト・事業の成長を実現しています。組織のルールは「GitLab Handbook」という唯一の情報源に言語化され、判断基準やプロセスはすべてハンドブックに集約されています。権力を持つ人の思い込みやエゴが優先されることはなく、組織やプロダクト、サービスにとって価値があることであれば国籍・年齢・社歴などにかかわらずあらゆるメンバーの提案が取り入れられ、問題があれば公正なプロセスで修正されるのです。

　GitLabではこうした組織を実現するために、組織の意思決定プロセスについて解釈の余地を可能な限り減らすように、まるでプログラミングのように言語化を徹底しています。それに加えて、自分たちの主観で成功や失敗を判断するのではなく、ユーザーの利用状況などの定量的な指標を用いて計測することによって、客観的な判断を保てるようにしているのです。

　このようにGitLabにおける組織の意思決定は**常にユーザーや**

チームにとって良いのかという客観的な視点が基準となり、改善され続けていきます。OSSのように公正かつ透明性のあるプロセスでユーザーに向き合ってきたからこそ、世界中のあらゆる価値観を持つメンバーがタイムラインの違いを乗り越え、ユーザーに支持され続けるサービスを開発する組織として成長してきたのです。

　また、すべてが言語化され、ロジックが組み立てられ、客観的に測定していることは再現性があることも意味しています。客観性を持って組み立てられてきたものであるため、しっかりと誠実に向き合うことで、誰であっても同様の組織を構築できる可能性を秘めています。

　こうした考え方はこれから本書で説明する内容にも一貫している思想であるため、この前提を持って読み進んでいただければ、さまざまな施策の意図を読み取りやすくなるはずです。

第2章

リモート組織によって
得られるメリット

メリットはわからないけれど多大な労力を払ってほしい、と言われて喜んで協力する人は多くはないでしょう。本章では、**リモート組織を実現することで組織にとってどのようなメリットが享受できるのか**を他人に説明できるようにするため、具体的なメリットを解説していきます。

　まず、理想的なリモート組織を実現することは、日頃経営者を悩ませている、人にまつわる問題の広い部分を解決することにつながります。優秀な人材が採用でき、高い従業員エンゲージメントを獲得し、パフォーマンスを向上させることができるでしょう。そのようなうまい話があるのかと信じられないかもしれませんが、こうしたメリットが得られることはさまざまな研究に裏付けされており、実際にGitLabが公開している外部のエンゲージメント調査サービスや口コミサイトの情報などでも客観的に計測されています。

　さらに、理想的なリモート組織はパフォーマンス向上に関連する研究データの積み重ねによって構築されているため、意図通りに正しく運用されていれば、多くの場合パフォーマンスの向上に寄与します。組織的な課題を有している企業で見受けられる多くのケースでは、根拠なく行き当たりばったりに組織を構築しているか、設計されていてもルール通りに運営されるように遵守徹底がされていないかのどちらかなのではないでしょうか。

　筆者が在籍する企業でもオフィスに集まっていた頃には首都圏在住者しかメンバーが存在しませんでしたが、リモート組織になった現在は約半数が地方や海外に居住している人材で占められるようになりました。居住地のくくりがなくなることによって採用できる人材の幅が広がり、応募者が増え、質の面で妥協することがなくなり、採用のスピードを向上させることにも成功しました。

また、非同期業務を行うために言語化を進めたことで、組織運営に関わる役割が定義され、責任や権限が明確になりました。パフォーマンスが可視化され、誰がどのくらいのアウトカムを残したのかといった重要な指標が計測できるようにもなりました。

　さらに、パフォーマンスが可視化されたことで、長時間働いている人が評価される状態ではなく、短い時間でもきちんとパフォーマンスを出している人が認められるようになりました。それによって働く時間や場所に制限されることもなくなり、子育てをしながら限られた時間でパフォーマンスを出す人や旅先から仕事をするといった柔軟な働き方も実現できています。住む場所やプライベートの状況によって離職する必要がなくなり、柔軟性を感じてくれることでエンゲージメントや定着にも寄与しています。

　こうした採用・エンゲージメント・パフォーマンスの向上やそれ以外にも存在するリモート組織によって得られるメリットについて、この章ではより詳しく読み解いていきます。

94%が「誇りに感じる」
驚異のエンゲージメント

　愛社精神がパフォーマンスを向上させる、という古くから日本
の経営者が信じてきた考え方はいまやグローバルスタンダードに
なりつつあります。利益や効率を追求してきたアメリカの企業が、
愛社精神やエンゲージメントが重要であると気付いて改善の取り
組みに動いているのは少し面白くもあります。ただ、日本で求め
られている愛社精神は感覚的なもので根拠に乏しく、海外のよう
にどうすれば従業員が会社を愛してくれるようになりパフォーマ
ンス向上に寄与するのかという具体的な部分の研究はおざなりで
あるようにも感じます。

　エンゲージメント計測サイトなどを調べてみると、GitLabを
はじめとする最先端のリモート組織では、自分たちの会社に対し
て深い愛着を持つ従業員によって高いエンゲージメントを実現で
きており、優秀な社員の定着とパフォーマンス発揮へとつなげて
いきます。エンゲージメント（engagement）とは、従業員が組
織に愛着や思い入れを感じて、組織課題に対して積極的に貢献す
る関係を意味しています。エンゲージメントが向上すると、行動・
感情・認知・自律的な行為に対する主体性にポジティブな影響を
与えることがわかっています[1]。直感的にも、好きな会社のため
であればいわれなくても貢献しようと思えるのは理解しやすい感
覚だと思います。

　エンゲージメントの重要性は理解できるものの、「対面で直接
顔を合わせないと愛社精神が生まれないのではないか」という懸
念を持つ経営者や人事担当者がいるかもしれません。しかし、答
えはNOです。GitLabをはじめ、**リモート環境であっても卓越し**

たエンゲージメントを実現している企業が数多く存在しています。

　日本でいう企業口コミサイトのような企業データ比較サイト「Comparably」において、GitLabの評判は全体の上位5％以内に位置しています（2023年7月時点）。

　またGitLabでは社内でも半期に一度、Culture Ampという外部サービスを活用して「匿名」でエンゲージメントサーベイを行っています。エンゲージメントが高いといわれる先進的でイノベーティブなテクノロジー企業（社員1,000名以上）150社をベンチマークしており、2023年度2Qの計測結果はベンチマーク企業と比較して8％も高いエンゲージメントスコアを記録しています（サーベイ回答率82％）。

　これらの調査データは、**たとえGitLabにとって悪い結果が出たとしても誰でも見られる場所に公開することになっており、課題として定めた項目に対しては会社として公式に改善に取り組むことが約束されています。** これは第3部で紹介する透明性というGitLabのValueを体現するものでもあります。

　多くの経営者が自らの会社に対して愛着と誇りを持ってほしいと感じていながら、なかなか実現できない現状に悩んでいます。そのような状況の中で、忖度が働かない匿名のサーベイで「GitLabで働けることを誇りに思います」という回答が94％を獲得しているリモート組織が存在することは非常に示唆に富んでいます。

　このような高いエンゲージメントは、リモート組織においてGitLabのあらゆる従業員が尊重され、安心してパフォーマンスを発揮できる環境であると実感していることによってもたらされているのです。

最も優秀な人材を早く採用できる

　あらゆる企業にとって採用が重大であると叫ばれているのは、さまざまな知見や技術の汎用化が進む中で「人」こそが事業を左右する差別化の要因となってきているためです。Googleの上級副社長であったアラン・ユースタス氏が「一流のエンジニアは、平均的なエンジニアの300倍の価値がある」と述べたのは有名ですし、ビル・ゲイツも同様のことをいっています。超一流のAI研究者が集まっているOpenAIが発表したChatGPTが世の中を一変させたことも記憶に新しい事例です。

　また、人材の質だけでなく、いつまでに人材が採用できるのかというスピードも重要な視点です。大きな役割を担うポジションが埋まるのが1カ月後なのか、それとも1年後なのかでは競合に対する優位性や事業進捗を左右することになるでしょう。停滞していたプロジェクトが、キーマンが入社したことで動き出すこともよくあります。効率的なリモート組織はアプローチできる採用候補者の人数が多くなり、また優秀な人材にとって魅力的な環境を提供できることから、経営課題を解決できる優秀な人材をスピーディに採用することを可能にし、組織の競争力を向上させることにつながります。

　採用ターゲットを増やすという意味ではグローバルな人材を活用できるようにすることが理想的ではありますが、日本国内に限定したとしても大きなインパクトを秘めています。たとえば東京にオフィスを構える企業の採用を考えてみましょう。一都三県の労働人口は約2,200万人で、国内には約7,000万人が存在しています（2021年度総務省統計を参考）。単純計算でいくと人材のプー

ルを3倍以上広げられることになります。もし、地方に本拠地を構える会社であれば、アプローチできる人材のプールはさらに何倍にも広がります。

　また、採用競争率の高い優秀なソフトウェアエンジニアはリモート環境を好むことが多く、現在もリモート環境で活躍していることが予測されるため、居住地を限定しない働き方の重要性はますます高まるでしょう。そうした人材にとって柔軟性があり効率的な業務が進められる環境であれば、リファラル紹介が増えたり、企業の口コミサイトなどの評判も向上したりするなど、採用のプレゼンスを上げることにも寄与するはずです。

　一方で完全なリモート環境ではなく、一部出社することを求めている企業や経営者も存在しています。出社とリモートが混在するハイブリッド型の組織をGitLabは推奨していませんが、業種や同じ時間帯に業務を集中させる必要がある企業にとっては妥当性がある選択肢かもしれません。そうした場合であってもドキュメンテーション文化や情報をチケット的に管理すること、非同期を前提としたコミュニケーションといったソフト面について、リモート組織を基準として整備しておくことには大きな意義があります。これによって、ハイブリッドでも効率的でスムーズにコラボレーションできる職場環境が実現でき、そういった環境を求める人材を採用できる可能性も高まるでしょう。

　このようにリモート組織のノウハウを取り入れることで採用できる人材のプールが広がり、その結果として採用の質が向上し、同時に採用できるまでのリードタイムが短縮します。早く優秀な人材を獲得できることは企業の競争力を高めていく上で重要であるため、経営にとってポジティブなインパクトを与えることができるでしょう。

多様なメンバーのパフォーマンスを
最大化できる

　従来の企業ではハイパフォーマーの特性を分析し、その傾向が
ある人材を厳選して採用することでパフォーマンスを発揮させよ
うと取り組んできました。しかし、世の中の価値観が多様化し、
働く時間や場所、国籍など状況が異なる人材を活用しなければな
らなくなっている昨今、**多様な人材の能力を最大限に引き出し、
あらゆるメンバーのパフォーマンスを発揮させること**は重要な経
営のテーマです。

　最先端のリモート組織では、ダイバーシティ＆インクルージョ
ンが徹底されており、あらゆるメンバーが存分に活躍できる環境
を整えています。ダイバーシティとは多様性を意味しており、多
様な属性が組織内に集まっていることを指しています。インクル
ージョンとは包括性を意味し、特定の人だけでなく多様な人たち
が制約を受けずに活躍できる配慮やしくみが整っていることを指
しています。

　日本の企業ではダイバーシティ＆インクルージョンに対して関
心が薄い部分がありますが、これは事業成長やパフォーマンスに
対してダイバーシティ＆インクルージョンがどのように寄与する
のかイメージが付きづらいことが要因かもしれません。VUCA（変
動性・不確実性・複雑性・曖昧性を伴う状況）と呼ばれる社会環
境や人の価値観が多様化している中で、人間のパフォーマンスを
どうやったら引き出せるかというテーマに対する解像度が低いた
め、古い固定観念に縛られている可能性があります。

　事実として、内閣府「令和元年度　年次経済財政報告」による
と、多様性を活用できる土壌を整えることは、企業の業績に正の

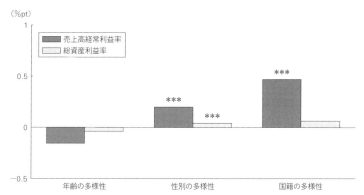

（備考）1．東洋経済「CSR調査」、日経NEEDSにより作成
　　　　2．***、**、*はそれぞれ1％、5％、10％水準で有意であることを示す
　　　　3．棒グラフは、年齢、性別、国籍の多様性の変化幅を0.01としたときの関係性をプロットしている

出典：内閣府「令和元年度　年次経済財政報告」
URL：https://www5.cao.go.jp/j-j/wp/wp-je19/pdf/p02031.pdf

■ 多様な人材と収益性

関係性があることが明らかになっています。

　経営者にとって重要なのは**従業員が経営に寄与できているかどうか**であり、性別、国籍などの属性は重要ではありません。属性を理由にパフォーマンスを発揮できる機会や支援が与えられていないとしたら、経済産業省が今後の日本の人材活用に向けて策定した報告書である「人材版伊藤レポート2.0」でいわれているような人的資本経営（人材を資本として捉え、価値を最大限に引き出すことで企業価値を向上させる経営）がなされているとはいえず、人の価値を活用しきれていない状態であるといえます。

　最先端のリモート組織ではさまざまな研究データを活用して、あらゆる年齢、性別、国籍、価値観、働く人たちのパフォーマンスをどのようにすれば引き出せるのかというテーマに対して真剣に向き合っています。前述のGitLabの匿名サーベイでは、イン

クルージョンがGitLabのエンゲージメントに寄与する非常に大きな要素となっており、82%の回答者が好ましい要因であると回答しています。つまり、**GitLabでは大きく常識や価値観が異なっているはずの世界67カ国の従業員たちが多様性の違いによって不利益を被らず、実際にパフォーマンスが発揮できていると感じている**ということです。さらに先進的な取り組みとして、GitLabではテキストの読み上げ機能などを用いて、目が見えない障がいを持つ人たちも活躍できるような環境も用意されています。

こうした事例は、グローバル展開をしていない国内企業にとっても無関係ではありません。たとえば、バブル世代とZ世代では価値観が異なる部分がありますが、ダイバーシティ&インクルージョンを推し進めれば共存してパフォーマンスを発揮することができるでしょう。他にも、出産や介護などの影響でスキルがあっても短時間もしくは特定の時間帯しか働けない人たちも活躍できるようになります。女性管理職や外国人の活用など、後回しにされてきたテーマに本格的に着手することもできるはずです。

また、ダイバーシティ&インクルージョンはカルチャーに固執しないという意味でもあります。第5章で詳しく説明しますが、カルチャーマッチで採用を行っている企業はグローバルのトレンドからはすでに後れをとっています。「我々らしくないから」という理由で採用を見送ったり低い評価を付けたりすることは、組織としての改善のチャンスを逃し、将来的なパフォーマンスの低下につながります。新しい価値観や知見を取り入れ、「我々らしさをもっと良く改善することはできないのか」という視点を模索することで、より良いカルチャーを醸成していくことが可能になります。

このように先進的なリモート組織では、**あらゆる国籍、性別、**

価値観、働き方の多様な人材のパフォーマンスを最大化させることを追求しています。このことは事業を大きく成長させるだけでなく、働いている従業員が自分の存在価値を十二分に感じられ、会社のためにより貢献したいという思いを育ませることにもなるでしょう。

成果にこだわる風土が醸成される

　経営者が組織のリモート化に抵抗を感じる理由のひとつとしてリモート環境ではメンバーがサボってしまうのではないか、という心配があります。しかし、実態としては逆であり、リモート環境では何の価値も生み出さない仕事に時間が消費されなくなるため、結果的にパフォーマンスが向上します。

　リモート環境ではオフィスにいる必要がないため、必死に働いているふりをしても頑張っているからと評価してくれる人は存在しません。そのため、周りにいるメンバーから評価されるためには何かしらの成果物を残したり、実際にチームにとって良い影響を与えたりと、目に見える成果を出さなくてはなりません。そうした目に見える成果を公正に評価するために、**パフォーマンスを計測する**必要性が出てきます。パフォーマンスが可視化されることによって、「何も成果を残せなかった」状況を避けるために、従業員は成果にフォーカスした行動を取るようになります。

　ただし、パフォーマンスを追求するだけの成果主義では組織のモラール（士気）が低下し、殺伐とした環境になってしまいます。これを避けるため、マネージャーがプロスポーツのコーチのように親愛の情やジョークなどを交えながら高い目標に対して目を向

けさせ、チームとして尊重し合い、ポジティブでありながら成果を追求している良い状態を維持する必要があります。優先度の低い業務をアウトソースできるように導き、高いモチベーションを維持しながらフォーカスすべき業務に取り組めるようにしていくことで、健全さとパフォーマンスを両立できるようになります。

また、リモートワークの中では誰がどんな役割を担い、どのプロジェクトを誰が担当しているのかが明確になるため、組織が行っている事業活動の可視化が進みます。事業活動の可視化が進むとビジネスプロセスの全体像がつかめるようになり、ピーター・M・センゲが『学習する組織』（英治出版）の中で言及している「システム思考」（組織をシステムとして捉えボトルネックやレバレッジポイントの発見につなげる思考）が行いやすくなり、経営視点からの組織改善にもつなげやすくなります。

役割に応じた成果にこだわることは、働く時間を短くしたり、仕事への関わり方に柔軟性を持たせたりすることにもつながります。パフォーマンスがしっかり計測できているならば働く時間の長さや決まった時間を拘束することにこだわる必要はないわけです。これは子育てや介護など家庭の事情から働く時間に制限があるような従業員や、大学院などに通うために学習する時間を捻出したい従業員などがキャリアをあきらめることなくパフォーマンスを発揮できるチャンスにもつながります。筆者の会社でもフルフレックスの導入や最低労働時間の撤廃などを実現することで、子育て世代や通学をしながらパフォーマンスを発揮している優秀な人材が活躍しています。

このようにパフォーマンスの可視化を通じて、従業員のリソースを経営視点での重要なポイントに投下することが可能となり、効率的な成果につなげることができるでしょう。

コストが効率化され、
本質的な業務に集中できるようになる

　無駄なコストを削減したいという気持ちを持たない経営者はいないはずです。リモート環境へと一度切り替えることによって、**今まで無駄に支払い続けられてきた見えなかったコストがゼロベースで見直されることとなり**、物事を効率的にコストパフォーマンス良く進めていけるようになります。

　まず、当然ながらオフィスの賃料が削減できます。毎月数百万円から大企業であれば数千万円のコストがかかっている固定費を圧縮できます。これも大きな効果ですが、より見えづらく重要なのが**時間の使い方**というコストです。

　たとえば、日本企業は意思決定のスピードが遅いといわれることが多いです。海外企業が一刻を争うスピードで新しいサービスを生み出している中で、「自分たちも新しい取り組みを行うべきかどうか」というテーマを2週間後の会議で決めようとしているケースなどはよくあることです。会議を実施しても、アイデアを持ち寄る会議をさらに2週間後に行うことが決まっただけという笑い話にもならないような状態が慢性化していることもめずらしくないかもしれません。こうした状況では人件費の非効率さもありますし、結果的にサービスをリリースできたのが1年後になってしまったなどという事業競争上のスピードにも影響してしまいます。

　そういった状況を避けるためにも、GitLabが実施している**非同期の業務スタイル**を導入することで、不要な会議を減らすことができ、会議の日取りを待たなくても物事を決定できるようにするべきです。本来は急ぐべきテーマなのに何週間も待たされ、い

ざ会議で議題を出したら数秒で承認されてしまい、この数週間は何だったのかといった時間の無駄も避けられることになります。また、意思決定のスピードが上がるだけでなく、会議が減ることで価値創造を行うための時間を確保できるメリットもあります。

一度、自分のスケジューラーを確認してみてください。もし、何かを生み出す創造的な業務（たとえば、ソフトウェア開発・デザイン・経営など）を担当している人の予定が会議で埋まっていたら要注意です。気が付いたらクリエイティブな時間が週に数時間しか取れなかったということにもなりかねません。リモート組織では、こうした必要のない時間を効率化することで、日本企業の課題といわれているアジリティを高められるようにしています。

その他にも、リモート組織では本質的な仕事に集中できる環境を手に入れることができます。ダニエル・カーネマンが『ファスト＆スロー』（早川書房）で紹介したように、人間には衝動的で直感的な「早い思考」と意識的で本質的な「遅い思考」が存在します。経営の課題を掘り下げたり、複雑性の高い設計を行ったりするなど、論理的な思考を行うためには「遅い思考」を意図的に行う必要があります。しかし、集中している作業が中断されると再び深く集中できるまでに23分15秒かかるという研究[2]があるように、話しかけられたり、背後で気が散ることが行われていたり、差し込みの依頼が頻繁にくる状況ではこうした本質的な仕事に取り組むことは困難です。会議が非同期でチャットツールの通知も切ることができるリモート組織であれば、こうした集中した時間を確保して本質的な業務に取り組むことも容易になるでしょう。

それに加えて、よくできたリモート組織は離職率も低い[3]ため、人材獲得のコストも抑えられます。退職者が発生すると、退職の対応で関係者は精神的な負担と活動時間が奪われることになりま

す。退職が続く職場ではモチベーションが下がり、さらなる退職を生む負の連鎖が起きかねません。**こうした見えないコストを避け、事業の推進に集中することにもつながるでしょう。**

　最後に、オフィス賃料以外にも交通費、通勤時間、従業員数の増大によるオフィス移転など、事業とは直接関係のないコストも抑えられるようになります。その分の予算を活用して、メンバーのパフォーマンス向上などに投資できます。また、地方や海外など報酬額が安い地域の労働力を活用できる可能性もあるかもしれません。

　ここで説明したように、最先端のリモート組織ではオフィスワークで行われていたさまざまな習慣や行動を一度リセットして本質的な仕事に集中できるようになるため、事業成長に寄与していないコストを削減し、より効率的な組織運営ができるようになるでしょう。

効率的な非同期業務は、
オフィス中心の組織も改善する

　リモート組織を実現したいと思っていても、経営者の意向やさまざまな事情でなかなかオフィスから離れられないケースもあると思います。そのような場合であってもGitLabの非同期業務スタイルを取り入れることで、効率的な業務の進め方ができるようになります。

　GitLabでは、世界中であらゆる時間帯に働いている人が存在するため、ほとんどの業務において**即時レスポンス・リアクションを期待しないことを前提として業務を行っています。**しかし、実はオフィスワークであっても「非同期で仕事をする」ことは数

多く存在しているのです。改めて考えてみると、オフィスフロアで隣り合って顔を合わせているメンバーが「同時に」取り組まなければならない業務はほとんどありません。商談をしていたり、何か企画を考えたりしているときやプログラミングをしているときなど、多くの場合は一人で業務に取り組んでいるはずです。そうした作業のめどが立ち、誰かに承認を得たり、レビューを依頼したりするタイミングになるまでは同じ場所にいたとしてもそれぞれ非同期の業務に取り組んでいるのです。

　それであれば、GitLabが効率化を追求してきた**非同期の業務スタイルはオフィスワークであっても活用できる**ことが想像できます。たとえば、何度も同じ質問が繰り返されるよりも検索すれば回答が得られるほうが効率的ですし、会議でどんなことが話されたのか詳細を確認するためにヒアリングするよりも議事録を見るほうが効率的です。たくさんの人数で1カ所に集まって深刻な顔をして悩んでいるよりも、決めるべき人が意思決定を行い、それ以外の人たちは呼ばれるまで自分の作業を進めているほうが有意義な時間になるでしょう。ペアプログラミングや親睦を深めるためのコミュニケーションなど、同期で行ったほうが良いものも存在しますが、こうした同期・非同期の適性を判断しながら業務を進められれば、業績は向上し、従業員も充実した生産的な時間を過ごせるようになります。

　このようにオフィスワークであっても非同期の業務スタイルを理解することには大きなメリットがあります。GitLabが追求してきた洗練された非同期の業務スタイルを学ぶことで、オフィスワークであってもより効率化した業務の進め方ができるようになるでしょう。

第2部

世界最先端の
リモート組織へ
移行するためのプロセス

第1部では、GitLabという世界最先端のリモート組織について理解を深め、リモート組織に移行するメリットへの解像度を高めてきました。

　しかし、リモート組織を実現するモチベーションがあっても、どのようにすれば実現できるかをイメージできないと実際の行動にはつながりづらいはずです。これは、「目標意図（成し遂げたいゴールの特定）」と「実行意図（状況Xのとき、行動Yをするという計画の特定）」がどちらも高くイメージできていないと行動につながりづらいからであるとピーター・ゴルヴィツァーが述べている[1]通り、実行意図に該当する「何をすればいいのか」という具体的な知識を持っていないためです。

　そこで第2部では、**どうすればリモート組織を実現できるのかという実行意図のイメージをつかんでもらうことを目指し、リモート組織への具体的な移行のプロセスと、移行に伴って発生が想定される各種問題について解説していくことで、皆さんが実際に行動を起こせるようにすること**を目指していきます。

　まず、第3章では、リモート組織を構築するためのプロセスとして**GitLabが推奨する具体的なアクションプラン**を説明します。本当の意味で機能するリモート組織を実現するためには試行錯誤を続けて根付かせていくプロセスを経る必要があるため時間がかかりますが、第3章で紹介するアクションプランを実行することで、最先端のリモート組織を目指す上での基本的な枠組みを構築できるはずです。

　続く第4章では、**リモート組織に移行する際に発生する問題とその対処法**について説明します。オフィスワーク中心の組織からリモート組織に移行する際には、確実にいくつかの問題が発生します。最先端のリモート組織化を試みたにもかかわらず問題が起

きなかったとしたら、それは表面的な変更にとどまってしまっているのかもしれません。根本的な組織体制に変更を加えた場合、従来のオフィスワークに馴染んでいた従業員は必ず何らかの戸惑いを感じ、今までの仕事の進め方ができないフラストレーションを感じるはずです。しかし、こうした反応は移行する上で当然に起こり得る反応ですし、対処することが可能です。どんな問題が発生するのかあらかじめ想定し、準備をしておけばこうした影響は最小限にとどめられ、従業員を安心させることもできます。そのために、発生する問題と対処について説明します。

リモート組織を構築するための
プロセス

本章では、リモート組織構築のための移行プロセスについて、そのポイントを紹介します。以下の8つのプロセスを実行することで、最先端のリモート組織を目指す上での基礎を構築できます。

①リモート組織に関する認識を改め明示する
②リモート責任者を任命する
③ハンドブックを制定する
④コミュニケーションガイドラインを明示する
⑤ツールの種類を最低限に抑える
⑥経営陣のデフォルトをリモートにする
⑦リモート作業環境を整備する
⑧インフォーマルコミュニケーションを設計する

　これらのアクションプランはどれか1つを選んで実行するのではなく、**原則として「すべて」実行すること**を推奨しています。
　たとえば、インフォーマルコミュニケーションの設計などは効果が見えづらいように感じますが、ここで挙げられているプロセスは、リモート組織を機能させる上で特に重要であるとGitLabが説明している不可欠な項目です。
　筆者がリモート組織に移行する際にも問題が発生したり、のちのち対策が必要になったりすることが多いポイントでした。まずは、先人の知恵に従う形でそのまま実行し、自社の状況に応じて修正していくようにしましょう。
　本章ではこれら8つのアクションプランに加えて、GitLabが公開している「**より良いリモート組織のための12ステップ**」というチェックリストも紹介します。このチェックリストを活用することで、移行の状況がうまく進んでいるのか確認できます。

リモート組織に関する認識を改め明示する

　まずは、1つ目の「リモート組織に関する認識を改め、明示する」ところから詳しく見ていきましょう。最先端のリモート組織を構築するためには、組織に属するすべてのメンバーが組織に対する認識を改め、リモートワークを起点とした組織を再構築しなくてはなりません。一般的に、多くの企業ではオフィスワークの代替や補助としてリモートワークを捉えていますが、この認識こそが効率的なリモートワークが実現できない大きな原因となっています。認識自体を前提から見つめ直し、**リモート組織に対するスタンスについて、全員の共通認識となるように誰もが目にできる場所に明示する**必要があります。

　オフィスワークの補完的要素としてリモートワークを捉えてしまうと、たとえ経営者がリモートワークを推進したいと考えていたとしても、なし崩し的に「オフィスワーカーが主流派」、「リモートワーカーが非主流派」という流れが自然とできてしまいます。悪意もなく無自覚のうちにリモートワーカーは冷遇を受け続け、オフィスワーカーはそのひずみになかなか気付くことができないまま両者の亀裂が広がっていきます。これは誰が悪いというものではなく、無意識のうちに進行してしまう人間の性質上避けられないものです。リモートワーカーのパフォーマンスが下がる要因は第4章で詳しく解説しますが、オフィスワークが主流でありリモートワークが傍流という形が続くことで、オフィスに出社しているメンバーのパフォーマンスは変化しないのに対し、リモートワーカーのパフォーマンスは下がり続けていきます。

　それに伴って、経営者や事業責任者といった組織における意思

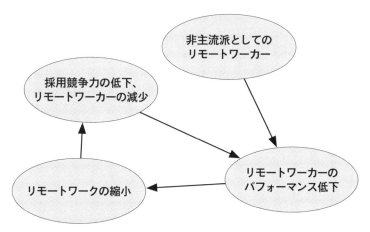

■ リモートワークを補完的要素とした場合のパフォーマンス低下サイクル

決定者はリモートワーカーのパフォーマンスが期待よりも低いと感じることで、リモートワークに疑いの目を向けるようになり、その結果リモートワークの縮小、さらには出社を強制する動きへとつながってしまいます。リモートワーカーもそうした空気を感じることで居心地の悪さを覚え、疲弊したり退職したりしていくことになります。転職市場に存在するリモートワーク希望者は転職先を選ぶ上でそういった環境に対する情報に敏感なので、採用にも影響を及ぼすことになるでしょう。

世界基準のリモート組織を構築していくためには、発想の転換が必要です。リモートワークを非主流派ではなく主流派として捉え、「リモートワーカーのパフォーマンスを最大化するためにはどうすればいいか」という視点から発想をスタートさせなくてはなりません。物理的なオフィスは非日常を演出するためであったり、同期ミーティングや合宿などのために活用します。もしくは、小さい子供がいて家では集中できないなど、リモートワークでパ

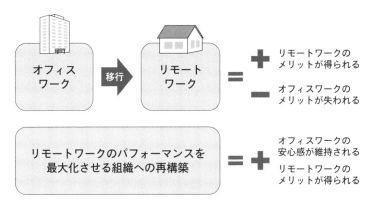

オフィスワーク → 移行 → リモートワーク

= + リモートワークの
メリットが得られる

− オフィスワークの
メリットが失われる

リモートワークのパフォーマンスを
最大化させる組織への再構築

= + オフィスワークの
安心感が維持される

リモートワークの
メリットが得られる

■ リモートワークを前提とした組織構造に再構築する

フォーマンスが出せない事情がある人にとっての支援といった観点で物理的なオフィスを捉えるようにします。

　オフィスワークの補完的要素としてリモートワークを捉えることをやめ、「**リモートワークに適した非同期業務のパフォーマンスを最大化させる**」という前提に立った上で組織を再構築すれば、リモートワーカーのパフォーマンスが低下せず、リモートワークのメリットを十分に享受できるようになります。こうしたパラダイムシフトを組織の共通理解として言語化し、全従業員が集まる定例会議などで経営からの公式なメッセージとして発信します。人事関係資料への記載、ハンドブックや社内掲示板といった誰もが目にする形で明示し続けていくことが必要です。

　リモートワーカーのパフォーマンスを最大化させる方法に関しては、創意工夫されてきた多くの知見が「GitLab Handbook」に詰まっています。GitLabは創業当初からオフィスを持たず、世界中に散らばるリモートワーカーのパフォーマンスを引き出し、サービスを成長させることを続けてきたわけですから、その分野

に関しては世界最高レベルといっても過言ではないでしょう。「GitLab Handbook」の詳しい説明やパフォーマンスの出し方については、第3部・第4部で詳しく説明します。これらを活用して、世界基準のリモート組織を実現していきましょう。

リモート責任者を任命する

　リモートワークに対する全社の認識を統一できたら、次のプロセスは最先端のリモート組織を実現するためにリモート責任者を選任することです。

　GitLabにはApple社を参考に取り入れたDRI（Directly Responsible Individuals）という概念があります。DRIとは、「誰が最終的な責任者なのか」を明確にするものですが、それにあわせて必要な「意思決定権」も与えられます。効果的なリモート組織を実現するためには、**リモート責任者をDRIとして任命し、十分な責任と権限を持たせなくてはなりません。**

　従来の組織をリモート組織に再構築するにあたって、徐々にコンセンサスを取りながらリモート組織に切り替えていくことは非常に困難です。GitLabのようにオールリモートからスタートするのであればまだしも、オフィスとリモートのハイブリッドワークを目指す場合、組織は混乱を避けることはできません。オフィスワークとリモートワークという2種類の仕事の進め方が混在することで、情報格差によるトラブルやリモートワーカーの孤立といったさまざまな問題や不満が確実に発生します（発生するトラブルについては第4章で説明します）。

　こうした問題に対して対処療法的に課題を解決していっても異

なる2つの働き方は統合できず、リモートワークをあきらめることになったり、組織に亀裂を生じさせる原因になりかねません。リモート組織における必要なエッセンスを理解した専門家が全体を設計し、発生する問題をあらかじめ全体に周知しておき、実際に起きた問題や不満に対して粘り強く説明と改善を行いながら推進しなくては最先端のリモート組織は実現できないでしょう。

　「同意しない、だがコミットする（Disagree and commit）」という言葉があります。責任者の方針について、他のメンバーは懸念や反対意見があればはっきりと意見を示す必要があります。そうした意見に対して、責任者も同様に説明責任（accountability）を果たさなければなりません。**双方が意見を述べる責任を果たした上で責任者が決定したことであれば、それ以外のメンバーは賛否を問わず全員が決定を尊重してコミットし、全力で支援します。そうしたメンバーのコミットメントに対して、責任者は結果によって応えるのです。**こうした考え方はマッキンゼー・アンド・カンパニーの「反論する義務」にも共通しています。

　「世界最先端のリモート組織を実現する」という大きな変革を効率的に徹底的に進めるためには、こうした結果に対する健全なコミットメントが不可欠です。責任者を明確にし、その実現ができるだけの十分な権限を与えなくてはなりません。周囲はその責任者の決定に対してコミットし、支援する必要があります。

　理想的にいえば、**リモート責任者にはリモート組織を構築する知識と経験を兼ね備えた経験者をアサインするべき**です。それが難しい場合には専門のノウハウを持つコンサルタントに依頼する方法もあります。

　しかし、日本ではリモートワークに対する歴史が浅いこともあって、どちらもほぼ存在しないレベルであるといっても過言では

1. ローコンテクストで精密なコミュニケーション能力（特に言語化・文書能力）
2. 深い共感力と経営者視点、当事者意識
3. サーバントリーダーシップを通じて、メンバーの声から課題解決できる能力
4. 高い成果や重要な目標にチームを向かわせるストーリーテリング能力
5. 組織の力学を理解し、チームをポジティブな方向に動かす調整力
6. 組織、文化、戦略を進化させるため、外部情報を求め組織に適用させ続ける学習と実行能力
7. 部署間の協力関係の構築を行い、橋渡しする能力
8. 透明性を保ち、ものおじせずに物事を進める能力
9. グローバルや客観的視点で経営層の意思決定を後押しするアドバイザリー能力
10. 自己学習や自律行動に対する深い理解
11. ドキュメンテーションや知識の構造化・体系化に対する深い理解
12. 非同期での業務に精通し、他人にも指導できる能力

■ リモート責任者になるために必要なスキルと才能

なく、信頼に足る即戦力やコンサルタントをリモート責任者として据えることは現実的には困難です。上記のリストはGitLabが公開している「リモート責任者になるために必要なスキルと才能」です。ここに挙げた12の事柄に当てはまる人材がリモート責任者として適任です。リモート責任者として成長できるポテンシャルを有するメンバーに、本書や「GitLab Handbook」、公開されている情報などをもとにインプットを行い、十分なサポートを用意してチャレンジをしてもらうのが現実的な選択肢になるでしょう。

ハンドブックを制定する

リモート責任者の任命ができたら、次は**ハンドブックの制定**に着手します。ここまで本書で何度も出てきた「GitLab Handbook」ですが、このハンドブックこそがGitLabを世界最先端のリモート組織たらしめている、最も重要な組織の土台になるものです。

「GitLab Handbook」はGitLabの歴史、Value、カルチャー、コミュニケーション、評価、マネジメント、報酬など、組織に関するあらゆることが3,000ページ弱にわたって記載されており、そのほとんどがインターネット上で公開されています。GitLabの従業員はこのハンドブックを見ながら業務に取り組み、全従業員がハンドブックを改善していくことでGitLabのリモート組織は成立しています。

ハンドブックは、国家にたとえると憲法に当たる唯一絶対のルールブックです。ここに書かれていることは公式なルールであり、ここに書かれていないことによって物事が決まったり、制限されたりしないと保証されなくてはなりません。情報は1カ所に集約され、暗黙のルールや例外を認めません。こうした考え方は、「SSoT：Single Source of Truth（信頼できる唯一の情報源）」と呼ばれています。SSoTを実現するためにGitLabは「ハンドブックファースト」というキーワードを掲げ、**あらゆる情報をハンドブックに集約しています。**

この唯一の情報ソースを参照すると、組織に関するすべてが書かれており、他に隠されたルールがなく、文言は誰が読んだとしても可能な限り解釈の余地が少なくなるように言語化が徹底され

ています。これによってハンドブックを読みさえすれば、どのようなテーマであってもあらゆる文化・価値観を有する人たちが近い解釈に至れるようになります。SSoTとしてハンドブックが存在することで、すべての従業員が安心してパフォーマンスを発揮できるインクルーシブなインフラとして機能しているのです。

　オフィスワークからリモートワークに変わることで仕事がしづらくなったと感じる人は、わからないことがあったときに都度質問できなくなったり、表情や態度によって温度感を伝えたり、曖昧な指示が出せなくなったりすることなどに不便さを感じることが多いのではないでしょうか。そうしたオフィスでの仕事の進め方は他人に配慮して言語化をしなくて良い分、容易であったのは理解できます。しかし、同じ質問を何度も繰り返すよりも、その答えがハンドブックに記載されていれば簡単に答えを得られるため効率的です。しかも、それはあらゆる従業員が活用でき、どんなに従業員が増えても対応できる拡張性を持っています。基準が言語化されることによって、属人性や曖昧性を排除することが可能となり、他の誰かの判断を待たなくてもプロジェクトを進められたり、確認のために上司の機嫌がいいときを狙って相談しに行くといった、顔色を窺う必要もなくなります。

　すべてをドキュメント化することは、直感的には手間がかかりスピードが落ちるように感じるかもしれません。しかし、ドキュメント化は本質的なスピードを向上させる取り組みです。たとえば、対面で質問をすれば5分で答えが見つかるかもしれませんが、質問者と回答者で合わせたら10分の時間を消費します。これが月に一度発生すれば年12回となり、それと同じ質問を100人が行っていたらどうでしょう。トータルすると年間で200時間という膨大な時間が質問に費やされることになります。よく聞かれる質問

を10分でドキュメント化したとしたら、たった10分の作業で年間200時間のうちの大部分が削減できるわけです。「誰に質問すればいいかわからず、わかりそうな人を探す」「質問したい相手が席にいないので作業が止まる」「回答を試してみたらうまくいかず再度質問する」といったケースも含めるとさらにコストが増していきます。質問される側のコストもこれだけではありません。先に述べた通り、集中して作業をしていた人が話しかけられて集中力が途切れると再度集中できるまで23分15秒かかってしまいます。このようなたった10分でドキュメント化すれば避けられるこうした見えないコストが、オフィスワークでは積み重なり続けています。

　さらにハンドブックファーストは時間的なコスト効率が良いだけでなく、**心理的安全性を高め、従業員の自律的な行動を促すこと**にもつながります。たとえば、部下に十分な背景や意図の説明をせずに独断と偏見で意思決定をしている上司と一緒に仕事をする場合、こうした人たちに対して何かを提案する従業員は少なからず恐怖を感じています。何が正解かは上司の気分次第で、間違ったことを言ってしまうと非難や攻撃を受ける可能性を想像してしまうためです。こうした状況では新しいことにチャレンジしたり、権力者に対して何かを提案しようとは思えなくなってしまいます。しかし、ハンドブックに記載された明確な基準で判断されることがわかっていれば、基準を満たしていれば誰かに攻撃される恐れがありません。明確な基準を守ることで心理的安全性の要件である「無知・無能・邪魔者・ネガティブだと扱われない」ことが保証されているならば、従業員は安心して新たな挑戦ができるようになります。

　このようにハンドブックファーストには大きなメリットがあり

Suddenly Remote
Handbook

Search

Company
Culture
Handbook
Style Guide
Values

Departments
Engineering ›
Marketing
Sales
People Ops ›
Information Technology
Finance
Legal

Docs

Shortcodes
Buttons
Columns
Expand
Hints
Mermaid
Tabs

Brownfield.dev

Suddenly Remote Handbook

Suddenly Remote

Suddenly changing how an entire organization works is very disruptive and suddenly being unable to share space is a novel problem. Most disaster recovery plans and business continuity plans lack aspects of continuing to work when you can't be co-located with co-workers.

See https://allremote.info for more information.

Handbook Template

A suggestion for many companies finding themselves in this remote position is to create a handbook. The way a handbook centralizes knowledge of how an organization operates (or should operate) is very helpful. None of the existing templates seemed like a proper starting point, so I created this one.

See the Handbook Page for more information.

The Importance of Handbook

The ultimate goal is that non-technical resources could use this template to create a starting point for an organization unit or company to use for a handbook.

Wiki Handbooks Don't Scale

At GitLab, like many others, the handbook started as an informal collection of documents and wikis. The way Wikis work doesn't lend themselves to handbooks for several reasons, which we have outlined on the Handbook Usage page.

Getting Started

This handbook template can be leveraged by anyone in the world by following these steps. Expect a video walk-through soon.

1. Create a GitLab.com account
2. Create a Group for your company or organization

Suddenly Remote Handbook
The Importance of Handbook
  Wiki Handbooks Don't Scale
Getting Started
Provide Feedback

URL：https://handbook.brownfield.dev/

■ Suddenly Remote Handbook

ますが、その一方で正確なドキュメンテーションを行えるように
なるためには一定の訓練を要します。不要な臆測を招かず、誰も
が理解できる明瞭な文章を書くためにはある程度の経験が必要で
す。特に日本語は曖昧な表現や同じ単語であっても広い意味を持
つ言葉が多く存在します。ガイドラインを整備し、GitLabが推
奨するようにドキュメンテーションの専門家をアサインすること
を検討しても良いでしょう。従業員に対してドキュメンテーショ
ンのトレーニングを用意することも有効です。

　また、ハンドブックをせっかく作成したとしても、活用されな
くては意味がありません。ハンドブックは**いつでも誰でも参照で
きるようにアクセスしやすい場所に設置されている**必要がありま

す。ハンドブックを設置する場所ですが、GitLabを活用することもできますし、Notionなどのツールを利用することも推奨されています。また、Suddenly Remote Handbookというハンドブック作成のためのテンプレートも用意されているので、こちらを活用するとスムーズに始められるかもしれません。なお、ハンドブックをWikiで作成することは将来的に構造を大きく変更することが困難であるため推奨されていません。

　GitLabではハンドブックの更新に関してはあらゆる従業員が提案を行えますが、ハンドブックに取り入れる（マージする）のは権限を持つ承認者（DRI）が行っています。DRIはハンドブックに取り入れる基準を満たすようにレビューを行い、必要に応じて修正を提案者に依頼します。ハンドブックに掲載されてはじめて公式のルールになるため、全従業員がハンドブックに変更を加えられる状態であることが透明性を保つための絶対条件となります。したがって、あらゆる従業員が日常的に提案を行い、公正なルールづくりを担っている実感が持てる状態を維持しなくてはなりません。DRIはハードルを上げすぎないよう、提案を促すようなフィードバックをすることが望ましいでしょう。また、新入社員のオンボーディング（新人研修）にハンドブックへの提案プロセスを織り込み、入社間もない社員でも会社に貢献できる経験を用意することで、自然と馴染めるようにするといった工夫も重要です。

コミュニケーションガイドラインを明示する

　私たちの仕事は多くの場合、一人では完結しません。作業分担

を行ったり、チームでコラボレーションしたりしながら進めていくことが多々あります。その際には必ずコミュニケーションが発生しますが、**このコミュニケーションについてもガイドラインを作成すること**が重要です。

　コミュニケーションガイドラインを作成しない場合、無自覚に誰かを傷つけてしまったり、他人に対して攻撃的なコミュニケーションが行われたりする状況を容認することになってしまいます。望ましくないコミュニケーションを明確に明示することがこうした行為を見逃さないために必要です。また、制限するためだけでなく、誰かに対して改善を求めるフィードバックをしなければならないといった、手間がかかるため避けがちなコミュニケーションを適切に行わせるためにもコミュニケーションガイドラインは機能します。ためらってしまう行動を後押しし、日常的に行われるようにするために望ましい行為についても言語化を図ります。

　リモート組織では顔を直接合わせずにコミュニケーションを取ることもあるため、慣れないうちは誤解を招いたり、適切に意図が伝わらなかったりすることはよくあることです。コミュニケーションを安定的に機能させるために、コミュニケーションのコツを記したガイドラインやルールをハンドブックに記載していくことも重要な取り組みです。

　たとえば、テキストコミュニケーションは相手の表情や声色が見えないため必要以上に相手の意図を想像して恐怖を感じてしまったり、余計な心配をしてストレスをため込んでしまったりすることがあります。その他にも、GitLabは非同期コミュニケーションを推奨していますが、同期コミュニケーションのほうが適しているシチュエーションも存在しています。こうしたコミュニケーションについてのポイントをケアするガイドラインを言語化し、

ハンドブックに掲載していきます。これによって、さまざまな価値観や性格の従業員がコミュニケーションによって余計な心配や苦労をせずに済み、効率的にコラボレーションすることが可能になります。

　参考までにGitLabが公開しているコミュニケーションガイドラインは次の9つです。

　①前向きな意図を想定する
　②思いやりを持つ
　③インクルーシブな表現を用いる
　④発言に責任を持つ
　⑤Valueの模範を示す
　⑥フィードバックは必要不可欠
　⑦1 on 1を侮らない
　⑧ハラスメントポリシー、行動規範、倫理規定を遵守する
　⑨自分たちがコントロールできることに集中する

　少しだけ解説をすると、「①前向きな意図を想定する」というガイドラインは、コミュニケーションの相手は「何かを良くするために適切に努力している」とまずは想定することです。人間は本能的に、他人の行動から自分にとって不都合なことが発生すると、相手が誠実でなかったり、やる気がなかったり、能力がなかったから問題が起きたと考えてしまいます。「前向きな意図を想定する」とは、そうした考え方をいったん止めて、相手はあなたや状況を良くするために努力しているのだと想定することです。この視点を持ってコミュニケーションに向き合ってみてください。新たな発見が見つかる回数の多さや相手がポジティブに問題

に取り組もうとする姿勢に驚くはずです。

「②思いやりを持つ」とは、たとえば、あなたが面と向かって直接言えないような言葉をテキストで送らないことです。非同期でチャットやメールをしているとあまり感じないかもしれませんが、実際には人と会話をしているのです。目の前に相手がいると想定して、この言葉を聞いたらどんな表情になるのかイメージしながらテキストのメッセージを送信することが重要です。

「④発言に責任を持つ」も近い意味を持ちます。あなたのメッセージが、あなたの意図しない形で人を傷つけてしまっていたとしても、それはあなたの責任です。「そんなつもりではなかった」と言い訳するのではなく、率直に責任を認めて謝罪を行い、相手を傷つけないようなコミュニケーションを自らの責任を自覚して送るようにしましょう。

こうしたガイドラインで説明されていることは特別なことではありません。自分を大切にするように相手も尊重することや謙虚に自分を省みるような当たり前のことです。しかし、こうした敬意を持ったコミュニケーションがさまざまな価値観の人たちとわかり合える土台になります。

ガイドライン以外にも、同じテーマで非同期のコミュニケーションが3度発生したら同期のミーティングを推奨したり、会議の前には議事録をカレンダーに添付しアジェンダを事前に共有しておくことなど、効率的にリモートワークでコミュニケーションを行うためのルールが定められています。

その他にも、情報の公開・非公開の基準であったり、メディアへの露出についてのルール、提案・懸念事項の提出方法、傾聴の方法などさまざまな参考になる情報がハンドブックにまとめられています。このようにコミュニケーションに伴って発生するケー

スに対するガイドラインやルールを用意することで、安心で効率的なコミュニケーションを行えるようになります。

ツールの種類を最低限に抑える

効率的なリモートワークを実現するために、**利用するツールの種類をまずは最低限に絞るべき**です。世の中にはさまざまな便利なツールが存在していますが、利用するツールが多岐にわたることでそのツールを導入していないメンバーがアクセスできないといったコラボレーションを阻害する要因になったり、利用方法を学習するためのオンボーディングの手間が増えたりしてしまいます。これは非効率やコミュニケーションの分断を呼び込んでしまうため、局所最適ではなく全体最適を意識し、適切なツールに集約する必要があります。たとえば、Web会議の参加者が画面をシェアしようとする場面で、たまたまそのWeb会議ツールに不慣れであるがために、他の参加者が画面共有の方法を口頭でサポートするような状況は皆さんも経験があるのではないでしょうか。場合によってはWeb会議ツールを再起動する必要があり、ツールの使用方法のために、貴重な会議時間が失われてしまうこともあります。

ツールの選定において、GitLabではまずはGoogle Docs、全社共通のチャットツール（Microsoft TeamsやSlack）、Zoomに絞って始めることを推奨しています。社内システムに接続するためVPNが必要であれば、誰もが簡単にアクセスできるようにマニュアルを整備します。

また、リモート組織ではチャットツールとハンドブックを用い

た非同期コミュニケーションを基本としていますが、状況に応じて同期のミーティングも実施することがあります。その際、Zoomは**録画すること**が推奨されており、会議に参加できなかったメンバーも後で確認ができるようにしています。カレンダーにはGoogle Docsで議事録をあらかじめ添付しておき、アジェンダや論点を会議前に整理し、全員が一通り目を通した状態で会議に臨むようにします。会議をしながらGoogle Docsの議事録にリアルタイムで記録を行い、会議に参加できないメンバーがいつでも確認できるようにしておきます。

このようにツールを限定することは業務における混乱と非効率を避けることができ、学習するためのコストの効率化につながります。

経営陣のデフォルトをリモートにする

リモート組織を効果的に機能させ、より良いリモート組織を実現するために必ず実施してほしいことがあります。それは、**経営者や上級管理職をまず強制的にリモート化すること**です。

オフィスに愛着がある経営者の方は抵抗があるかもしれませんが、リモート組織を目指す上でこのプロセスは非常に重要であり、避けては通れません。経営陣のデフォルト環境をリモートにすることで、いくつかの大きな変化が生まれ、それが効率的なリモート組織の実現にとって重要な意味を持つことになります。

まず、経営陣からリモート化することで、従業員に対して「会社が本気でリモート組織を目指す覚悟がある」という強力なメッセージとして伝わります。これにより、あらゆる従業員がリモー

ト組織の構築に真剣なまなざしを向け始めます。次に、経営陣が
リモート環境で意思決定を行うために、必要な情報を収集する過
程でツールやプロセスに存在している問題に気が付くことができ
ます。たとえば、必要な情報が口頭説明がないと理解できないも
のになっていたり、さまざまな格納場所に情報が分散していたり
するといったことです。このとき、経営陣が必要とする情報を円
滑に手に入れるために、必要なツールの選定やプロセスの見直し
が実行されることになります。

　その後、リモート環境下で１カ月程度業務を続けていくと、ツー
ルやプロセスの問題だけでなく、コミュニケーションに関する
課題も見えてきます。必要な情報を集めるためのレポートライン
や適切なフィードバックといった、事業を成長させるための本質
的な部分を感じ取るはずです。こうして発見された課題を解決し
ていくことで、必要な情報が整理され、リモート環境でビジネス
を進めるための土台が構築されていきます。

　反対に経営陣がオフィスにとどまり続ける場合、リモート組織
はほぼうまくいかないと思って間違いありません。オフィスワー
クでは経営の意思決定に関する透明性が下がる傾向が強く、オフ
ィスで顔を合わせるメンバーによるコンセンサスが重視されてい
きます。それに伴って、意思決定が行われるプロセスはオフィス
に集中していき、リモートワークにおけるコミュニケーションの
課題は改善されないまま放置されます。ハンドブックファースト
というリモート組織における土台はないがしろにされ、非効率性
はなかなか改善されず、リモートワーカーは非主流派として扱わ
れてしまいます。

　このような理由から世界最先端のリモート組織を実現するため
には、経営陣などの会社におけるコアな部分からリモート化を行

うべきです。そうすることによって、リモートワーカーが十分な
パフォーマンスを発揮できる環境へとつながっていきます。

リモート作業環境を整備する

　パソコンやネットワークといった作業環境は最高のものを用意
する必要はありませんが、標準を下回るとリモートワークでのパ
フォーマンスは下がってしまいます。GitLabが説明しているマ
イクロホンの一例を挙げると、「音声品質が高い場合（低い場合
と比較して）、人々はコンテンツをより良く、より重要であると
判断します。また、話者をより知的で、有能で、好感が持てると
判断します。処理が難しいメッセージは説得力が低くなります[1]」
という研究結果を引用して説明しています。経営陣にとっても、
従業員のパフォーマンスを低下させる要因を排除できるのであれ
ば、オフィス機材への投資は検討する価値があるテーマといえる
でしょう。

　具体的には、パソコン、ネットワーク、カメラ、マイクロホン、
イヤホン、モニターなど、**必要な備品をオンライン会議中に違和
感を抱かない標準的な水準で用意します**。環境に投資する余裕が
あれば、人間工学に基づいた椅子やデスクなどを準備することも
推奨しています。医学的な根拠に基づいて、デスクや机の設置方
法、ライティングの光量など、リモートワークでの健康維持を目
的としたレクチャーを行うことも効果的でしょう。

　また、リモートワークは邪魔が入らないスペースで業務に集中
できることが重要です。広い土地と建物があれば、個室の作業環
境を用意できるかもしれませんが、人口が多い都市在住で家族が

いたりすると難しいかもしれません。そうした場合に備えて、近所のコワーキングスペースを会社の経費で利用できるようにします。ワーケーションなどに補助を行うことも有効です。

　また、家庭内で作業する際には家族の理解も必要となります。従業員が家族から見える場所にいると、家族は深く考えずに気軽に話しかけてしまいます。しかし、集中している作業の中断には大きなコストがかかってしまうため、話しかけてほしくないときにはそれがわかるように理解してもらわなければなりません。

　一方で、GitLabでは**オンライン通話中に家族が映り込むことを歓迎している一面もあります**。仕事中に子供が画面に映り込んだり、ペットが膝に乗ってきたりしてもOKです。それをきっかけに従業員同士の親密さを生み出したり、自己開示につながっていったりすることもあります。こうした体験を共有することで、不意に赤ちゃんが泣き出したりした場合などでも、同僚が寛容な気持ちを抱けるようになります。こうした家で作業する際の家族との関わり方については、当事者がそのことを家族に説明するのは難しい場合もあるので、会社のコミュニケーションルールを家族に見てもらうことも良いアイデアかもしれません。家事や育児のサポートを提供し、作業に集中できるような福利厚生を用意するのもひとつの手段として検討する余地があるでしょう。

　大きなコストを払って最高の環境を用意する必要はありません。リモートワークでのパフォーマンスを阻害する要因を特定し、標準的な環境を整えることによって、リモートワークを効率的に機能する形に整備していきましょう。

インフォーマルコミュニケーションを設計する

　ここまで来ればリモート組織の枠組みはおおむね整ってきたといえます。しかし、組織はつくれば終わりではなく、血を通わせて運用する中で機能させていかなくてはなりません。せっかくつくった枠組みを機能不全に陥らせず、軌道に乗せていくために重要な観点が**インフォーマルコミュニケーション**です。GitLabをはじめ世界最先端のリモート組織では、インフォーマルコミュニケーションを非常に重要な人事施策と位置づけ、意図的に設計するようにしています。

　インフォーマルコミュニケーションとは、文字通り業務とは関係のない非公式なコミュニケーションを指しています。飼っているペットや趣味、休日の過ごし方を話し合う。誕生日を祝ったり、気さくな励ましの言葉をかけたりする。冗談を言って笑い合う。このようなすべてがインフォーマルコミュニケーションです。

　GitLabでは、1 on 1で雑談をするコーヒーチャットやゲーム、ヘルスケア、家族などのテーマに関して雑談し合うソーシャルコール、集まって瞑想をするマインドフルネスコール、年に一度世界中のメンバーが1カ所に集まるContribute、Slackチャンネルに音楽活動をしている従業員が集まって音楽制作を行うなど、さまざまなインフォーマルコミュニケーション施策が行われています。ユニークなものだと、同僚と集まって交流するための旅費を会社が支給するVisiting Grant Programという制度も用意されています。

　皆さんの中には、インフォーマルコミュニケーションが仕事に本当に必要なのか懐疑的になる方もいるのではないでしょうか。

■ Visiting Grant Programの様子

仕事に関係のない雑談やイベントなどは従業員が求めていないと感じていたり、効果的ではないと思っていたりするかもしれません。しかし、次に挙げる2つの重要な理由があるため、インフォーマルコミュニケーションは必要になります。

　1つ目は、**インフォーマルコミュニケーションが従業員のパフォーマンスを上げるため**です。なかなかパフォーマンスが上がらない理由がインフォーマルコミュニケーションにあることも大いに可能性があります。2つ目は、**メンタルヘルスの問題を避けるためにインフォーマルコミュニケーションが重要な役割を果たすため**です。

　まず、1つ目のパフォーマンスへの影響から説明します。社員が組織に馴染んでいくプロセスを示す「組織社会化」という言葉があります。組織社会化の分野におけるギラッド・チェンらの研

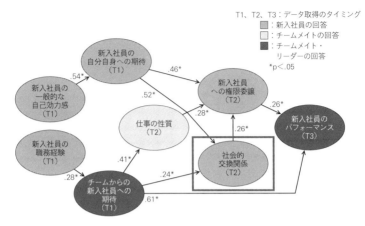

T1、T2、T3：データ取得のタイミング

□ ：新入社員の回答
□ ：チームメイトの回答
■ ：チームメイト・
　　　リーダーの回答

*p＜.05

新入社員の
一般的な
自己効力感
（T1）

新入社員の
自分自身への期待
（T1）

.54*

.46*

新入社員
への権限委譲
（T2）

.26*

新入社員の
パフォーマンス
（T3）

.52*

仕事の性質
（T2）

.28*

.26*

新入社員の
職務経験
（T1）

.41*

社会的
交換関係
（T2）

チームからの
新入社員への
期待
（T1）

.28*

.24*

.61*

出典：chenら（2003）より筆者が翻訳して作成

■ 関係性に関するモデル（数字は標準化係数）

究[2]によると、チームメイトやチームリーダーから見てパフォーマンスを発揮している新入社員に対しては「社会的交換関係」が影響していることがわかっています。社会的交換関係とは、人間が社会の中で「金銭」などの有形のものや、「尊敬」「愛情」「承認」「共感」「愉快」などの無形の資源を交換し合っている関係を指しています。つまりこの研究では、上図で表されるように、チームメンバー同士の交流によって、相互理解や親しみを感じるような経験がパフォーマンスに影響を与える可能性を示唆しています。インフォーマルコミュニケーションによって、チームメイト間に共感や愛情、楽しい感情、尊重されている感情を交換させることで高いパフォーマンスにつながっていくのです。

　同様に、タリヤ・バウアーらの研究[3]でも次ページの図で示されているように、「社会的受容」がパフォーマンス、職務への満足、組織コミットメント、在籍意欲を向上させ、退職のリスクを

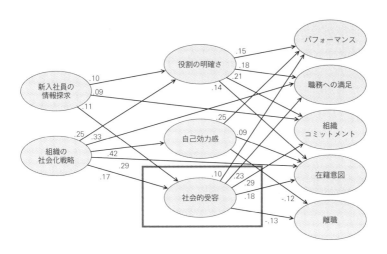

出典：Bauerら（2007）より筆者が翻訳して作成

■ **組織社会化に関するプロセスモデル（数字は標準化係数）**

減らすことが示唆されています。社会的受容とは、そのコミュニティに受け入れられていると感じている度合いを意味し、新入社員や新たにチームに加わったメンバーが一人の人間として理解され、チームの一員として認められていると感じられるかどうかが重要になります。

　それに加えて、Googleがパフォーマンスの高いチームを分析して発見されたことで有名な「心理的安全性」においても、自分が一人の人間として尊重されているどうかは重要な要因として挙げられています[4]。

　こうした研究からもわかるように、インフォーマルコミュニケーションを通じて、一人の人間としてのつながりと組織の一員として受け入れられていると感じる親愛さを実感できることはパフォーマンスを向上させる要因となります。一見、パフォーマンス

とは無関係に思える趣味の話題やジョークなどを通じて人間的な交流を行うことは、実はパフォーマンスにとって重要な役割を担っているのです。

　これは考えてみれば当然のことかもしれません。会社の一員として認められている実感を得ている人が、そうでない人よりも自信を持ってチャレンジしたり、努力を払ったりするのは想像に難くないと思います。さらにこうしたことから理解できるのは、新入社員や現在活躍できておらず悩んでいる人など、**ここが自分の居場所なのか迷いのあるメンバーに対してこそ**、インフォーマルコミュニケーションを通じて親密さを示し、実績を積み重ねていくことで自分の居場所なのだと確信を持ってもらわなくてはならないということでしょう。このあたりは経営者やすでに居場所を得ているベテランにはイメージしづらい部分でもあるため気を付けてください。

　もうひとつの問題であるメンタルヘルスへの影響についても見ておきます。リモートワークにおけるメンタルヘルスで考えるべきテーマは、「**社会的孤立**」と「**孤独感**」です。社会的孤立とは、知人や家族などとの交流が「物理的」にほぼない状態を指します。孤独感とは「自分は一人である」という感情です。多くの人たちに囲まれていても、自分だけが一人ぼっちでいるかのような主観的な感覚を指します。

　物理的にせよ、主観的なものにせよ、人間は一人でいると強いストレスを感じてしまいます。人間は群れることで繁栄してきた社会的な生き物であり、強弱はあれど孤独の状態になると社会的なつながりを求めるように本能が働いているようです[5]。MITの研究者によるラットを用いた研究によると、脳の背側縫線核という部分が孤独による不安や他者を探す行動を促進させている[6]こ

とがわかりました。孤独は脳の影響により本能的につながりを求める行動を取らせるだけでなく、実際に体調にも影響を及ぼすことがわかっています。人と会わずに家から一歩も出ないような生活を続けていると、徐々に倦怠感が増していき、やる気の出ない状態が続くことがあります。これは衰弱（languishing）と呼ばれる症状[7]で、パフォーマンスが出しづらくなり、この状態が続くとバーンアウトになってしまう可能性も高まります。

　こうした孤独や衰弱は、脳が「報酬が足りていないこと」をアピールするために行われている[5]と考えられています。社会脳を専門とする京都大学名誉教授の苧阪直行氏の『報酬を期待する脳』（新曜社）によると、人間の脳は他人と協力して物事に向き合ったり[8]、愛する人たちに想いを馳せたり[9,10]、好意的な評価を受けたとき[11]などに心地良い感覚を与え、報酬効果を得られるようにすることで社会的なつながりを強化しているといわれています。また、予期しない発見や刺激に対してドーパミンニューロンが反応すること[12]もわかっており、偶発的なコミュニケーションや新たな発見の場が喜びやイノベーションを生み出すことにもつながります。

　こうしたことから学ぶべきは、インフォーマルコミュニケーションは単純に量を増やすことも重要ですが、**自分がこのコミュニティの一員として認められており、チームと共にいると思える質も重要であること**です。

　このようなチームや組織に対して、自分の居場所であると感じる感覚を「**ビロンギング**」といいます。インフォーマルコミュニケーションが大事であるからといって、従業員の気持ちも考えずにイベントをやればいいわけではなく、ひとりひとりの従業員に対して共感を示し、互いに尊敬と信頼を交換し合えるような関係

性を構築するきっかけをつくることでビロンギングを感じられる
ようにしていくことが重要なのです。

より良いリモートへの12ステップ

　GitLabではリモート組織の実現度合いを計測するために「**よ
り良いリモートへの12ステップ**」という簡単なテストを用意し
ています。このテストはたったの10分でリモート組織としての成
熟度と課題が発見できます。12点であれば完璧なリモート組織、
11点で許容範囲です。10点以下であればオフィスファーストの状
態になっているかもしれません。下記にテストを挙げていますの
で、ぜひチェックしてみてください。

　1．経営陣は原則リモート環境で作業していますか
　2．チームメンバーは、勤務時間を自分で決めることができますか
　3．仕事に関するコミュニケーションは非同期前提ですか
　4．Valueとその活用法が明確に定義され、文書化されていますか
　5．すべての部署が活用するツールは、統一されていますか
　6．ハンドブックをあらゆる判断の基準として活用していますか
　7．友情を生み出す方法が定義されていますか
　8．コミュニケーションの方法は、SSoTに文書化されていますか
　9．1人1台のPCと各種デバイスが提供されていますか
　10．交流機会を意図的かつ定期的に用意し、公開されていますか
　11．Valueの体現を採用・称賛・昇格基準としていますか
　12．個人の作業環境を向上させるために費用を出し、自宅以外で作
　　　業する場合にも補助を行っていますか

出典：「The GitLab Test — 12 Steps to Better Remote」をもとに筆者翻訳
URL：https://about.gitlab.com/company/culture/all-remote/the-gitlab-test-remote-work/

■ **より良いリモートへの12ステップ**

第 4 章

リモートワークで発生する
問題と対策

オフィスワークからリモートワークに移行する場合、必ずいくつかの問題が発生すると説明してきました。GitLabのようにオールリモート（オフィスがない完全なリモートワーク）に移行する場合であればまだ混乱は少ないですが、オフィスとリモートのハイブリッド環境を目指す場合にはより多くの問題が発生し、移行の難易度は高くなります。人間の性質上、オフィスに権力が集中しやすく、対立や無理解からさまざまなトラブルが生じてしまうためです。

　だからといって、多くの企業にとってはいきなりオフィスを完全になくすのはハードルが高いため、現実的にはハイブリッドリモートワークを選ぶことが多いのではないでしょうか。日本では書類管理や印鑑、郵送物など物理的な制約も多くあるためオフィスはなくせないといった事情もあるかもしれません。

　難易度が高いといわれるハイブリッドリモートワークであっても、発生する問題をあらかじめ想定して対処しておけば、リモートワークの導入に成功できる可能性は高まります。

　本章では移行に伴って発生するさまざまな問題を紹介し、その傾向と対策を説明していきます。成功の秘訣は何よりもまず準備することです。備えあれば憂いなしといえるでしょう。

リモートワークに共通して発生する問題

まずはオールリモート、ハイブリッドリモートワーク問わず、リモートワークに移行する際に共通で発生する可能性がある問題から説明します。

●働きすぎる

リモートワークでは従業員がサボってしまうのではないかと心配する経営者がいますが、実態は逆で労働時間が増える傾向があります[1]。作業が中断されないのでずっと仕事に取り組んでしまいますし、会議室への移動時間もないため、立て続けに予定を詰め込んでしまう人もよく見かけます。その結果、無意識に働きすぎてしまうため、燃え尽き症候群などのリスクが高まります。

●テキストベースコミュニケーションに対応できない

ローコンテクストなテキストコミュニケーションは、不慣れなメンバーにとっては最初は戸惑いが大きくなることが予想されます。テキストから必要以上に冷たい印象を受け取ってしまったり、適切に言語化することがなかなかできないといったケースも発生します。

●孤独感を覚える

リモートワークでは、仕事以外の雑談が自然発生することが少ないため、気が付いたらまったく雑談をすることなく1日が終わってしまうことがあります。人とのつながりが希薄に感じられ、孤独感が募っていき衰弱してしまうかもしれません。

●仕事と生活の境目が曖昧になり疲弊する

朝ベッドから起きてデスクに向かい、食事をしながらメールチェックをして、夕飯を食べた後にも仕事を少し片づけるといった働き方をしてしまうと、いつまでも仕事のことが頭から離れずに疲れが蓄積し、徐々に活力を失ってしまいます。

●新入社員や部署異動したメンバーがチームに馴染めない

リモートワークでは、新入社員や異動してきたメンバーが自然とチームに馴染むのが難しくなります。受け入れる側からの十分な支援が提供されないとチームの一員としての実感が持てず、見えないところで苦しんでしまうことがあります。

●バーンアウト

疲労や孤独感から精神的な活力を使い果たし、燃え尽き症候群になってしまうことがあります。仕事を通じて情緒的な力を出し尽くし、工夫したり配慮したりすることができないほど消耗してしまう（情緒的消耗感）。思いやりの気持ちを持つのがつらくなり、他人に対して冷たい対応や威圧的な態度を取り出す（脱人格化）。今までと比べて活力がなくなり、そうした自分に対しても落ち込んだ感情を持ち始める（個人的達成感の低下）。従業員にこうした振る舞いが見られるようであれば、バーンアウトの可能性が高くなっています。

リモートワークに共通する問題への対策

こうしたリモートワークで発生する問題は、あらかじめ想定し

ておくことによって対策を講じることができます。

　特に孤独感の問題はストレスからさらに自分を追い詰めてしまったり、余裕がないことで周囲に対して攻撃的な振る舞いや過剰な反応をしてしまうことで周りからの反応も冷ややかになっていき、さらなる孤独感を深めてしまうという負のスパイラルを生じさせてしまうことがあります。

　そこでGitLabでは、丁寧なオンボーディングや関係構築のプロセスを整備することで、孤独の問題を個人の努力や周囲の気配りに期待するのではなく、組織が責任を持って対処できるようにしています。それに加えて、インフォーマルコミュニケーション施策を意図的に提供し、人間関係の広がりやコミュニティとの関わりを増やすようにしています。新入社員や部署異動、既存社員の人間関係構築に関してGitLabが取り組んでいるさまざまな施策に関しては第3部で詳しく説明するので、そちらも参考にしてください。

　こうした孤独感の問題に対する対策に共通しているのは、**個人の努力ではなく組織がしくみを用意すること**で、第3章で説明したビロンギング（居場所感）を感じられる環境を提供し、孤独感の負のスパイラルを断ち切るように設計していることです。

　孤独感に続いて、働きすぎやバーンアウトを避けるための対策を見ていきましょう。

　GitLabでは、効果的な休憩や休暇を取得するためのガイドラインや人体に関する専門的なケアのノウハウを用意し、全従業員に対して提供しています。腰痛や視力、疲れなどを軽減するための人間工学に基づく作業環境の構築方法であったり、外部のプロフェッショナルによるメンタルヘルスケアサービスを、従業員だけでなくその家族にまで福利厚生として提供しています。その他

にも、当然ですがマネージャーが適切な労務管理を行い、定期的に1on1を実施することで心身の状態を日常的にケアしています。会社のカルチャーとしても長時間労働を自慢したり褒めたりすることは許しておらず、適切に休暇を取る必要性を組織全体で共有しています。また、仕事を始める前にはウオーキングなど仕事とプライベートを切り替えるためのきっかけを実施するといったことも推奨するなど、リモートワークに慣れていない人がずっと家にこもってしまったり、仕事と生活の境界が曖昧になってしまわないように、オンオフの切り替え方や運動のガイドなども提供することで、働きすぎやバーンアウトを予防しています。

コミュニケーションの問題に関しては、GitLabではローコンテクストコミュニケーションに慣れていない人のためにトレーニングのガイドを用意しています。コミュニケーションルールを整備してお互いに敬意を持ちながらコミュニケーションを行えるような土台を整えたり、**SBIモデル**（Situation-Behavior-Impact-model）という「いつ・どこで」「具体的に何があったか」「それがどんな影響を与えたか」を、事実をベースに伝えることで誤解を生まずにコミュニケーションを取る方法を全従業員に対してトレーニングするなど、誰であっても適切な言語化が行えるように準備しています。その他にも、**クルーシャル・カンバセーション**というセンシティブなテーマを対話するためのノウハウをトレーニングしたり、気持ち良くテキストコミュニケーションを行うためのTipsを用意したりするなどのサポートを提供しながら、マネージャーやチームメンバーからのフィードバックを通じて日常的に改善を行っていくことで、適切なコミュニケーションの取り方を身に付けられるようにしています。

ハイブリッドリモートワークで発生する問題

　ハイブリッドリモートワークの場合、オールリモートと比較してさまざまな問題が発生しやすく、対処しないままではリモート組織の破綻につながってしまいます。そうした破綻の原因となる問題として、次のようなものが考えられます。

●情報へのアクセス格差が生じる

　オフィスに出社している人は直接情報を得られますが、リモートワークをしている人には伝えられない情報が発生することで情報の格差が生じます。オフィスにいる人たちは知っている情報をもとに業務を進められますが、リモートワーカーは情報へのアクセスが制限されるため、円滑に業務を進められなくなります。

●キャリアと能力開発の機会に差ができる

　オフィスで直接話しているときに新しいアイデアを思いついたり、意思決定者が誰かに新しい役割を任せたいと思った際、オフィスにいるメンバーが目に付いてしまうため、優先的にオフィスワーカーにそのポジションを提供してしまう傾向があります。リモートワーカーはそうしたタイミングに遭遇することはないため、新しい経験やキャリアを開発する機会を得づらくなってしまいます。

●劣等感を与えてしまう

　オフィスワークをしている人たちが物事を決めることが多いなど、オフィスワーカーが主流派として存在していると、リモート

ワーカーは劣等感を抱いてしまいます。きちんと仕事をしていても、オフィスにいる人たちからきちんと評価されているのか気になるようになります。こうした心配から精神的・感情的な苦痛を蓄積し続け、居心地の悪さを感じてしまうことになるでしょう。

●罪悪感を与えてしまう

　オフィスで顔を合わせることを大切にするカルチャーの組織で働いている場合、リモートワーカーが罪悪感を抱いてしまうことはめずらしくありません。同僚が通勤に不満を漏らしたり、家族行事に出席できないといった柔軟性がないことを嘆いている声を聞いたときなど、リモートワーカーがまるで特権を得ているように感じてしまい、申し訳なさを抱いてしまうことがあります。リモートワーカーはそうした不満を感じない環境に置かれている自覚がありながらも、同僚の通勤や柔軟性への不満に対して共感を示さなくてはならないため、関係性がこじれたり、気に病んだりすることが出てきます。

●見せしめになるリスク

　オフィスワークが中心の組織では、リモートワーカーに対して「どうやってうまくリモートで働ける特権を得たのか？」と質問されて気まずい思いをする可能性があります。オフィスワークが中心の会社では、リモートワークを広げようとしている人が組織の空気を読まない面倒くさい人に見られたり、特権を独り占めしている人のように見られたりすることがあります。そうした人が、何かあった際に攻撃の対象になってしまうかもしれません。

●パフォーマンスのプレッシャーが高くなる

　リモートワーカーは働きぶりが見えづらく、そのうえ通勤を免除されているため、期待以上のパフォーマンスを目に見える形で発揮しなければならないというプレッシャーにさらされます。

●オフィスを中心としたカルチャーが形成されやすい

　オフィスでのイベントや体験を中心としたカルチャー醸成を行っている会社の場合、それらのカルチャーをリモートワーカーが感じることは困難です。そういったカルチャーを会社の魅力として外部にアピールしている場合には、リモートワーカーが組織の一員としての自覚を持つことが難しくなるでしょう。

●オフィスの特典を活用できない

　オフィスに併設する託児所、食堂、スポーツ施設などがある場合、リモートワーカーはそれらを活用できず、不公平さを感じることがあります。

ハイブリッドリモートワークの問題への対策

　ハイブリッドリモートワークで発生する問題に対しても、あらかじめ対策を用意しておくことで問題の発生を抑えたり、たとえ問題が発生しても適切に対処していくことが可能になります。GitLabはハイブリッドリモートワークではなくオールリモートにすることを最高の解決策として挙げていますが、ハイブリッドリモートを実現するためのアドバイスも行っているため、推奨されている行動を見ていきましょう。

まずは、リモートワーカーの情報格差や立場の問題について考えていきます。これらの問題は、意思決定の場所がオフィスになっていることに起因しています。そのため、対策はシンプルに**意思決定の場をリモートワークに移すこと**になります。第3章で述べたように、まずは経営陣やマネージャーがオフィスではなく、原則リモート環境で業務に取り組むことを必須としましょう。これによって重要な意思決定が透明性が低いまま行われたり、顔を合わせる人たちだけを重用し始めることを避けられます。また、会議内容や各種KPIを可視化する必要が出てくるため、ドキュメンテーション文化にも寄与します。リモートワーカーも会社のコアとなるメンバーがリモート環境から業務を行っていることで、不安を感じずに済むようになるでしょう。

　次に、**打ち合わせは必ず議事録を残し、議事録の外で物事が決定しないように**徹底します。打ち合わせの内容は録画し、誰もがいつでも確認できるようにします。チャットツールのダイレクトメッセージは原則避け、業務に関係するダイレクトメッセージであった場合には、オープンなチャンネルに議論を誘導するようにしましょう。それによって議論や情報を多くの人が知ることになり、学びが共有され、同時にさまざまな人たちの知見を集めてより質の高い結果につなげられるはずです。

　その他には、**オフィスを縮小し、物理的に出社できる人数を制限すること**もひとつの手です。荒療治かもしれませんが、可能であれば一度オフィスを完全になくしてしまうことも効果的です。これによって本当にオフィスが必要なのか確認できますし、福利厚生や設備の見直しにもつながります。オフィスの設備や福利厚生を活用できないことに関しては、オフィスでしか活用できない制度は一度撤廃し、リモートワーカーも含めて全従業員が特典を

享受できるような制度に設計し直しましょう。

　繰り返しとなりますが、ハイブリッドリモートワークで最も重要なことは「**リモートワークファースト**」です。まず、リモートワークで最高のパフォーマンスが発揮できるように組織を再構築し、その上で補完的な要素としてオフィスを用意する選択肢を考えていきます。

オフィス回帰への欲求に対処する

　リモートに移行することでさまざまな問題が発生していると、メンバーからリモート環境ではなくオフィスに回帰したいという声も出てくるはずです。しかし、そうした状況はリモート組織への移行がうまくいっているから発生する問題でもあります。大きな変化を起こしているのですから違和感を抱かなければ、そのほうが大きな問題かもしれません。

　実際、週のうち数日は出社したほうが効率的に運用できる組織もあるでしょう。しかし、そうしたフェーズに移行するのは、あくまでリモート組織を構築できた後にしなければなりません。効率的なリモート組織の運用が定着した上でオフィス出社というオプションの選択肢を持つことと、オフィスを主軸として働く選択肢を残し続けることには大きな違いがあります。後者の場合は2つのカルチャーが組織内に混在することとなり、混乱や対立が発生し、効率的な組織を実現することは困難になるでしょう。

　オフィスに戻りたいという要望が発生する原因は大きく2つあります。1つ目は孤独感の問題です。リモート環境で他人の姿を見る機会がなくなることで断絶を感じ、人とのつながりを求めて

オフィスに戻りたいという欲求が生まれます。もうひとつはパフォーマンスの問題です。リモート組織に移行した直後は、オフィスにいたときよりもパフォーマンスが低下することがあります。今までは隣にいる同僚に質問すれば良かったことを自分で調べなくてはならなかったり、口頭で説明していたことをドキュメントにしなければならず、作業時間がかかってしまうといったようなことです。

リモート組織への移行を担当する責任者は、こうした問題はリモート組織が悪いのではなく、リモート組織を効率的に運用するためのしくみが整っていなかったり、メンバーがまだ習熟していないことが原因であるという認識を強く持たなければなりません。組織のキーマンやメンバーに対してリモート組織に移行してしばらくの間は違和感や非効率が発生することをあらかじめ説明し、**1年程度は違和感があっても意思決定を覆さないコミットメントを求めておくこと**が重要です。その1年の間にリモート責任者を中心としてパフォーマンスを向上させ、リモート組織の効率性を示しきらなくてはなりません。

安定的にリモート組織を機能させられるようになった後であれば、オプションとしてのオフィス出社や直接会って交流する機会を設けることも選択肢として考えて良いでしょう。GitLabのように世界中にメンバーが散らばっている状態であれば、一堂に会することには多くのコストがかかりますが、在籍するメンバーの大半が日本国内に在住しているのであれば会う機会を増やすことも選択肢としてはあり得ると考えています。このあたりは、費用対効果を比較しながら選択しましょう。しかし、会う頻度を増やしたとしても基本的な業務は非同期でのルールを遵守するように徹底しなくてはなりません。

第3部

GitLabが実践する
リモート組織を
活性化させる
カルチャー醸成法

リモート組織に移行するためのプロセスが理解できたところで、次は組織をどのような状態にするのが望ましいのかという観点に目を移していきましょう。第3部ではGitLabの組織カルチャーについて解説を行い、**世界最先端のリモート組織に適したカルチャーの醸成**について理解を深めていきます。

　前提となる「組織カルチャーとは何か」をまずは整理していきましょう。組織文化研究の第一人者であるエドガー・H・シャインは、「文化とは共有された暗黙の仮定のパターンである」と定義しています。カルチャーとは組織が歴史的に問題を解決し、成長を続けてきた中で学習されてきたパターンであり、組織の中で認められ、新たなメンバーに伝え続けられているものです。組織内で無意識に信じられている自分たちらしいと思える約束事といってもいいかもしれません。シャインによるとカルチャーは次ページの図のように3つのレベルによって構築されると述べられています。

　Level 2に該当する経営哲学やバリューを標榜したとしても、それが日常的に実践されていないとLevel 3の根底の部分まで変化させられず、カルチャーを醸成していくことはできません。逆に暗黙的なLevel 3のパターンが存在しているのにLevel 2で言語化されていないため、長く在籍することで空気感を察してカルチャーを理解する形になっている組織もあるかもしれません。戦略やバリュー、行動指針、哲学などは実際に属している経営者や従業員の行動レベルまで徹底して落とし込むことによって、はじめて浸透させることが可能になるのです。強力なカルチャーを醸成するためには、**Level 2に該当する価値観や哲学、理念、行動指針などを明瞭に言語化することと、言語化された価値観を行動レベルで実践させ続け、Level 3に働きかけるための日常への落と**

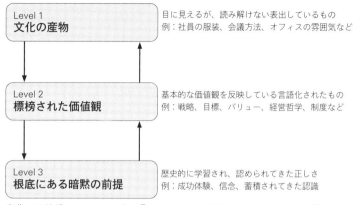

Level 1 文化の産物	目に見えるが、読み解けない表出しているもの 例：社員の服装、会議方法、オフィスの雰囲気など
Level 2 標榜された価値観	基本的な価値観を反映している言語化されたもの 例：戦略、目標、バリュー、経営哲学、制度など
Level 3 根底にある暗黙の前提	歴史的に学習され、認められてきた正しさ 例：成功体験、信念、蓄積されてきた認識

出典：エドガー・H・シャイン『Organizational Culture and Leadership』をもとに
　　　筆者作成

■ 文化の3つのレベル

し込みが重要であることがわかります。

　第3部では、最先端のリモート組織に適したカルチャーを醸成するために、各章で**GitLabの根底となるGitLab Valueやさまざまなルール、行動レベルへの落とし込み方**などを説明していきます。

　その中でも特にGitLabにおけるValueという存在は特筆すべきテーマです。Valueや行動指針を制定している会社は多くありますが、それらを日常的に意識できている組織は限られるのではないでしょうか。GitLab ValueはGitLabにおいて仕事を進める上での基本原則ともいえる、徹底した遵守が求められる強力なルールです。同時に、GitLab Valueにはリモート組織を効果的に機能させるための具体的なノウハウが詰め込まれています。これらを読み解き、行動として徹底させていくだけでも効率的なリモート組織に近づけていくことができるでしょう。

第 5 章では **6 つのGitLab Valueについて詳しく解説を行い、GitLabのリモート組織運営の核となっている部分を読み解いていきます**。第 6 章では**日々のコミュニケーションに関するルール**を説明します。第 7 章では**新しく加わった社員をどのように組織に馴染ませていくのかといったオンボーディング**の解説を行います。そして第 8 章では、GitLabにおける心理的安全性の構築方法について解説することで、**GitLabがどのようにしてカルチャーを醸成しているのか**読み解いていきます。

第5章

カルチャーは
バリューによって醸成される

GitLab Valueは6つの中心となるCore Valueと、それに関連する具体的なアクションが記述される形式で表現されています。GitLab Valueは、**GitLabにおいて最も根幹をなすものであり、あらゆる行動の基準として活用されています**。役職の高い人ほどValueの遵守が求められ、人事評価や昇格基準、人材の採用の判断にも重要な基準として用いられています。GitLab Valueはとことん実務的であるために、「世界を変える」といったような派手な言葉は用いられていません。ハンドブックでは「退屈でシンプルな解決策」を提供することを目指していると説明されています。

　GitLab Valueは常に改善する機会を求めており、社員だけでなく世界中のあらゆる人が改善を提案できるようになっています。社員であればSlack、それ以外の人からはX（Twitter）でGitLab CEOのシッツェ・シブランディ氏にリクエストを送ることでValueとして検討されます。こうしたしくみによって、解釈が分かれそうな事象や効率的な方針が更新され、実際に活用され続けていくことでカルチャーを育んでいくことにつながっているのです。

　本章ではそれぞれのValueについて詳しく解説しますが、上記の通り更新されることがあり、2023年7月時点のハンドブックに基づく内容を基準としています。

カルチャーマッチではなく
バリューマッチが重要

　カルチャーマッチとは、それぞれの会社が持っているカルチャー・社風に近い価値観を持っている人材を採用したり、評価したりすることを意味しています。しかし、意外なことにGitLabではカルチャーマッチでの採用を行っていません。こうした考え方に驚く人もいるかと思うので解説しておきます。

　皆さんご存じの通り、従来の採用では社風に合っているかどうかというカルチャーマッチを重視する企業が大半でした。しかし、GitLabに限らずグローバル企業の採用トレンドとしては、カルチャーマッチではなく**カルチャーアド**という観点を重視するようになっています。カルチャーアドとは、カルチャーが流動的なものであると捉えて、カルチャーをより良く成長させられる人材かどうかという観点で採用や評価を行うことです。この変化の背景には、カルチャーマッチを続けることにはリスクがあり、また非効率であることがわかってきたという事情があります。

　元来、多くの企業がカルチャーマッチによる採用を重視してきた理由として、カルチャーに合わない人材は「放置しておくと暗黙的なやり方を踏襲しないため、パフォーマンスが発揮できない」という前提に立っています。しかし、その「暗黙のやり方」が必ずしも良いものではないことがわかってきました。スタンフォード大学経営大学院教授のチャールズ・A・オライリーは『両利きの経営』（東洋経済新報社）の中で、「カルチャーは環境や戦略に合致させるため調整され続けなくてはならない」と述べています。確かに強固なカルチャーはその会社がビジネスで歴史的に経験してきた「勝利の方程式」によって培われています。しかし、固定

化されてしまったカルチャーは変化やチャンスに対応できず、サクセストラップを生み、経営にとって足かせになってしまうリスクが指摘されています。

そのため、昨今ではパフォーマンスの高い組織をつくるためにカルチャーマッチではなく、カルチャーアドという観点で、外部・内部の人材がカルチャーをより良いものに進化させていくことが期待されています。従来のカルチャーからよりビジネス的に有利なカルチャーに改善できる部分を発見するために、外部から新たに加わるメンバーを絶好の機会として捉えているのです。

これはカルチャーを破壊しろといっているわけではありません。従来のカルチャーを無批判に信じるのではなく、**環境に適応させ続けていくために調整し続けていく必要がある**という趣旨なのです。

こうした背景からカルチャーマッチに変わって注目されているのが「**バリューマッチ**」です。カルチャーを「バリューを体現した結果として歴史的に構成されていく暗黙のパターン」であると考えると、「市場環境に適応した明示的なパターン」がバリューです。つまり、勝負している市場において勝てる可能性を高くするためのアクション、優先順位、禁止事項などを具体的に示したものがバリューであるといえます。このバリューを市場に合わせてブラッシュアップさせていくことで、より良いカルチャーに改善していくのです。

また、バリューが明示的なパターンであるということは、明確になった基準を守るか守らないかが論点となります。決まっている基準を守るか守らないかが重要であるということは、従来カルチャーマッチで重要視していた、採用対象者の考え方や性格は問われることがなくなっていくことを意味しています。カルチャー

マッチで採用していた時代には、組織カルチャーに近い性格や行動パターンの人物しか採用できませんでした。一方、バリューマッチであれば、明示的なパターンを守るつもりがあるすべての人たちを採用対象者として見ることが可能になります。

　さらに、ダイバーシティ＆インクルージョンの実現が組織パフォーマンスに対して好影響を与えることがわかっています。バリューマッチによって多様な価値観、文化、属性の人たちがお互いの違いを乗り越えてコラボレーションできるようになり、組織としてのパフォーマンスを向上させていくことができるでしょう。

バリューの全体像と優先順位

　良いカルチャーを醸成するためにはバリューマッチが重要であることがイメージできたと思いますので、次はGitLabのValueがどのように構成されているのか具体的に読み解いていきましょう。

　GitLab Valueは、「コラボレーション（Collaboration）」「成果（Results）」「効率性（Efficiency）」「ダイバーシティ＆インクルージョン、ビロンギング（Diversity, Inclusion & Belonging）」「イテレーション（Iteration）」「透明性（Transparency）」の6つで構成されています。それぞれに対応したSlackの絵文字も用意され、日常的に使われています。

　普段はこのGitLab Valueを拠り所にして従業員は業務に取り組んでいきますが、状況によっては複数のValueがぶつかり合うケースも発生します。セキュリティ上の問題が発見されたとき、透明性のValueに基づくと一刻も早く公開するべきですが、何も考えずにセキュリティの弱点を外部に公開してしまうと、それを

🫶 Collaboration

📈 Results

⏱ Efficiency

🌐 Diversity, Inclusion & Belonging

🧩 Iteration

👁 Transparency

出典：GitLab Values
URL：https://handbook.gitlab.com/handbook/values/

■ GitLab Value の Slack 絵文字

悪意ある人物が利用することでユーザー全体を大きな危険にさら
してしまうかもしれません。こうしたValueが衝突するときにど
のような順番で考えるべきかの参考として、**Valueのヒエラルキ
ー**が用意されています。

　たとえば、ある変更を行うことで透明性にプラスがあることが
見込めますが、一方でその変更によって効率性に同じくらいマイ
ナスがあったとします。この場合は、ヒエラルキーに則って透明
性を優先します。

　ただし、いかなる場合でも上位のValueが優先されるとは限り
ません。ある変更を行うことでコラボレーションに大きなプラス
があり、イテレーションにわずかなマイナスである場合、これは
ヒエラルキーとしてはイテレーションのほうが上位ですが、全体
として得られる恩恵がプラスになるため、コラボレーションが優

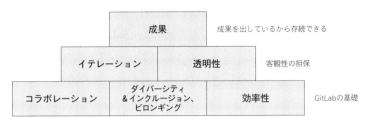

成果		成果を出しているから存続できる
イテレーション	透明性	客観性の担保
コラボレーション	ダイバーシティ&インクルージョン、ビロンギング	効率性	GitLabの基礎

■ **GitLab Valueのヒエラルキー**

先されます。このように、ヒエラルキーは絶対的なものではなく、スムーズに物事を考えるための参考としてのフレームワークであり、さまざまな状況や影響の大きさなどを考慮しながら物事を決定しています。

コラボレーション（Collaboration）

　私たちが向き合っているビジネスでは個人経営でもない限り、必ずコラボレーションが必要になります。ピーター・M・センゲが『学習する組織』（英治出版）で述べていたように、私たちは協力することによって「個人的にできる以上に洞察力が深まり、知性が高まる」のと同時に、「熱意のあるマネージャーとIQ120以上のメンバーで構成されたチームの集団IQが63になる」という相反する矛盾に向き合っています。チームのパフォーマンスは次ページの図で示された「プロセスゲインとプロセスロスの関係性」にあるように、チームメンバーの生産性を単純合計した「潜在的な生産性」から「プロセスロス」を引き、「プロセスゲイン」を加算したもので表せます。こうした、コラボレーションによる損失（プロセスロス）を減らし、プラスの相乗効果（プロセスゲ

実際の生産性	=	潜在的な生産性	−	プロセスロス	+	プロセスゲイン

■ プロセスゲインとプロセスロスの関係性

イン）を増やしていくためには**コラボレーションのメカニズムを理解し、具体的な行動に落とし込んでいく**必要があります。

　コラボレーションに関する有名な研究結果をいくつか紹介すると、他人から見られているときにシンプルな作業は大幅に効率が上がるが、複雑な作業の効率は下がるという「ソーシャル・ファシリテーション[1]」や、集団で共同作業を行う際に1人当たりの生産性が人数の増加に伴って低下する「リンゲルマン効果[2]」などが存在します。また、Googleの調査ではパフォーマンスの高いチームは、チームの中で恐怖や不安を感じずにチャレンジできるという感覚である「心理的安全性」が高いことがわかっています。その他にも、参加者の大半が合意している内容に対して異論を言いづらくなり、コンセンサスを図るためにグループの意思決定能力が低下して非現実的な決定をしてしまうといった「グループ・シンク」も避けるべき重要な視点です。一般的な企業でも頻繁に行われているブレインストーミングもあまり効果につながらないこと[3]もわかってきており、問いかけや対話などを通じてアイデアを発散させるという観点では意義がありますが、最終的には意志を持った個人が責任を持って一人で決断する必要があります。

　こうしたさまざまなコラボレーションに関する背景を踏まえて、GitLabではコラボレーションを実現するために具体的な行動の基準を定めています。以下で紹介していくので、リモート組織を構築する際に活用してください。なお、日本では馴染みの薄い表

現については筆者が意訳したり、補足したりしています。原文は「GitLab Handbook」上で確認してください。

●思いやりを持つ

正論で相手を追い詰めるのではなく、相手が理解できるように接しましょう。思いやりがあると感じられる環境では、恐れずに挑戦したり、耳の痛いフィードバックに対しても前向きに受け止められたりするようになります。日常的に称賛が行われていたり、ポジティブなメッセージを伝え続けられている関係性があることで、厳しいメッセージを伝えなければならないときにも真摯に受け止めてもらえるようになります。

●情報をシェアする

情報を意図的に公開するようにします。誰でも目にできる場所で情報が公開されていることで、さまざまな視点からの発見や学習の機会につながります。発信する情報が間違っているのではないかと恐れる心配もありません。意見が分かれるようなテーマであっても、公の場で議論されることでやり取りを目にした人たちもコンテクストを得られたり、公正に議論が行われたりすることへの安心感が得られます。

●ネガティブなフィードバックは1対1で行う

ネガティブなフィードバックは可能な限り1 on 1で伝えます。「ネガティブなフィードバック」と「見解の相違」は別物として扱うように注意しましょう。ネガティブなフィードバックとして具体的な改善要望がある場合は1 on 1でフィードバックし、見解の相違についてはたくさんの人たちが目にするチャンネルでお

互いに敬意を持って話し合います。

●問題は起きた瞬間に対応する

業務や人間関係、給料、設備などに関する問題が発生したときには、可能な限り迅速に周囲に状況を伝えます。問題を内に秘めておくことは誰のためにとっても悪い影響しかありません。

●たくさんの人の目に付くように感謝を示す

Slackチャンネルなど、可能であれば全社員が目にする場所で気軽に感謝が行われているような状況を維持します。ただお礼を伝えるだけではなく、具体的にどんなことがうれしかったのかが受け取る側に伝わるように、状況や具体例を織り交ぜることが望ましいでしょう。Unipos（ユニポス）などのピアボーナスサービスを活用し、Slackと連携させることなども効果的です。

●フィードバックを効果的に用いる

パフォーマンスの高いコラボレーションを実現するためにはフィードバックは必要不可欠です。一方で、マネージャーからメンバーに対するネガティブなメッセージは、ポジティブなメッセージと比較すると6倍も強い影響を与えること[4]がわかっており、適切にフィードバックを用いることが重要です。効果的なフィードバックの方法に関しては第4部で詳しく説明します。

●お互いを知る

テキストメッセージであっても、モニターの裏側にいる相手に人間味を感じていると思いやりのあるメッセージを送れるようになります。普段からインフォーマルコミュニケーションを通じて

お互いにプライベートな話ができる関係性をつくっておくことで、テキストに思いやりを込められるようになるでしょう。

●部門を越境する

GitLabでは、質問がある際には全社員に向けてアドバイスを求めるように推奨しています。これによって、同じ部署内で質問するよりもスピーディかつ多角的な視点を取り入れられ、誰もが貢献できるという実際の機会を目にすることで、GitLabのValueを強化することにもつながっています。

●役職や肩書で物事を語らない

自分の役職や立場を盾にして物事を進めようとすることは禁止します。「CEOもこの意見に賛同している」など、自分の主張を通すために他人の地位を利用することも同様です。

●前向きな意図を想定する

私たち人間は、他人の行動に対して無意識にアンフェアな判断を下してしまうようにできています。たとえ同じ失敗であっても、自分の失敗の場合は状況や環境に原因があったと感じてしまいますが、他人の過ちについては当人に原因があったと感じてしまいます。こうした無意識の判断は「根本的な帰属の誤り（Fundamental attribution error）」と呼ばれています。

この偏見に対しては、相手がベストを尽くそうとした（前向きな意図を持っている）と想定することで思い込みを軽減することができるようになります。主張の粗探しをしたり、ストローマン論法（架空の議論）を持ちかけて反論してしまうことは避けましょう。同じ方向に向かって物事を見ることで建設的な議論が進ん

だり、相手も自分自身が間違っていたと認めやすくなるはずです。

●謝れるほうが強い

　間違いに気付いた際には可能な限り早く謝罪します。挑戦するほど失敗の数も多くなります。挑戦しやすくするためには謝りやすい状況をつくることも重要です。また、失敗を公に共有することで、他のチームメンバーも同様の失敗を避けられるようになります。

　なお、ここでいう失敗の中には、誰かに対して誠実に対応できなかった場合も含まれています。GitLabではValueを守り、強化するために公の場で不親切な行為をした場合、公に謝罪することが重要であると述べています。公に謝罪することは勇気が必要なことかもしれませんが、謝れることは弱さではなく、強さであると考えられています。

●エゴを捨てる

　議論に勝つために詭弁を用いたり、間違いを認めずにさらなる誤りを重ねないようにしましょう。あなたの意見が否定されたからといって、あなた自身が否定されたわけではありません。正しい答えを探すことが重要です。

●誰も失敗をさせない

　苦しんでいる人を見つけたら、手を差し伸べるか、専門知識や支援を提供できる人を引き合わせます。チーム全体で勝利することが重要です。

●仕事を基準にして話す

　人格についてではなく、具体的な仕事内容について提案します。「あなたは私の意見を聞かない人である」というのではなく、「デザインに関する私のフィードバックに対して返信がなかった」と伝えましょう。また、フィードバックを送る際には、相手を非難するためではなく、パフォーマンスを向上させたいという目的を最初にしっかりと伝えるようにしましょう。フィードバックを受け取る側も、フィードバックこそが自分を成長させる最高の機会であり、フィードバックを提供してくれる人も成功させたいと思っていることを心にとどめておきます。

●創業者のように振る舞う

　チームメンバー全員が会社を代表する立場として問題に取り組む必要があります。GitLabでは、これを「創業者のメンタリティ」と呼んでいます。コラボレーションの価値は助けが必要なときに互いに助け合えることです。自分の責任を軽くするためにコンセンサスを取ったり、自分一人でできることを無駄に遠回しにしたりすることはコラボレーションではありません。

●責任ではなく問題に集中する

　人やチームの責任を追及するのではなく、失敗に至ったメカニズムと意思決定のプロセスに注目します。リスクを恐れずに発言できるよう、責任を切り離したポストモーテム（根本原因分析）とレトロスペクティブ（振り返り）を実施します。実務に関わっていた人が一番状況を把握しているはずなので、失敗してしまった気持ちはいったん脇に置き、失敗の当事者が純粋に問題が起きた根本原因の発見と対策を率先して考案します。

●短いつま先

これは、アメリカで「I don't want to step on anyone's toes.（意図せずに誰かの権限や領分を侵してしまって機嫌を損ねたくない）」という言葉に対する回答です。企業が成長するにつれて関係者が増え、つま先（権限や領分）を踏まぬように配慮することで意思決定のスピードが低下してしまいます。GitLabは、物事を改善するために自発的に動く人を増やすために、つま先を短くして、誰もが貢献できるようにすることで対抗しています。

●すべてを知ることは不可能

自分が知らないことがあると自覚し、助けを求めることが重要な視点です。質問して回答が得られたら、ドキュメント化することで他の人も活用できるようにします。誰にとっても知らないことが存在するという前提に立って、気軽に質問できる環境をつくるようにします。

●コラボレーションはコンセンサスではない

大規模なチームがゆっくりとコンセンサスを通じて物事を達成するのではなく、小規模なチームの誰もが自律的に貢献しながら迅速に動くことを望んでいます。これはイテレーションという概念の中核をなしています。

成果（Results）

GitLabでは成果（Results）をValueの最上位として重要視しています。成果とはさまざまな意味を持つ言葉ですが、GitLab

では成果を「**コミットした責任を果たすこと**」と明言しています。

　どんなに長い時間をかけてこだわった仕事であったとしても、他人に影響を与えられなければ何も変化は起きません。顧客やユーザーに対して良い影響を与え、チームに貢献し、投資家から信頼されるために自分たちがコミットした責任に向き合いきることがGitLabの考えている成果です。

　成果（Results）が良かったかどうかを決めるのは顧客やユーザーであり、チームであり、投資家です。そのため、**ステークホルダーに影響を与えられたのか客観的に計測すること**が重要であることがわかります。こうした責任を果たし続けることでサービスは支持され、組織が存続していくことにつながっていくとGitLabは考えています。

　以下に挙げるのはGitLabが外部に向けて行動し、どのように計測を続けることでユーザーから支持を受けるかの基本的な行動や決まり事です。これらをもとに、コミットした責任を果たし、成果を出す組織づくりの参考にしてください。

●時間ではなく成果を測定する

　何時間働いたかではなく、何を達成したかが重要です。コードや価値を提供したユーザー数、救われたチームメンバーといった具体的な対象を計測します。休暇を取ろうが、1日をどう過ごそうが誰かに詳細を説明する必要はありません。長時間労働を誇るようなことがあれば、その考えを改めさせ、成果に目を向けさせましょう。具体的にどんな成果を実現するのか合意しつつ、1〜2週間単位でパフォーマンスのフィードバックを行いましょう。

●顧客の成果に貢献する

サービスを利用するユーザーに成果という価値を提供します。そのためには、反対に「顧客の成果に貢献しない」プロダクトを意識しておく必要があります。

顧客の成果に貢献しないプロダクトは、①直接のユーザーではないサービス導入の意思決定者への訴求を狙っている、②機能が多岐にわたり、まとまりがない、③ユーザーエクスペリエンスが時間と共に悪化する、といった特徴があります。エンタープライズ向けの大規模なサービスは、一見すると素晴らしい機能がラインナップされていますが、ユーザーにとって良いUXを提供しているとは言い難い場合があります。

●ドッグフーディング

ドッグフーディングとは、開発している製品を自分たちも日常の業務で用いることです。GitLab社も自社サービスのGitLabを活用してハンドブックの作成やさまざまな業務を管理しています。これによって、何かのトラブルや改善点を早期に発見でき、ユーザーの気持ちを理解してサービスを開発できるようになります。

●エージェンシーを与える

エージェンシーとは、「自分の責任を果たすために自律的に踏み出す意志」を意味しています。GitLabでは、会議への参加が重要でないと感じる場合には、いつでも参加しないという選択ができます。また、必要に応じてミーティング中に他の業務に取り組んでも問題ありません。他の作業をしているメンバーに聞きたいことがある場合には、必要に応じて同僚に声をかけることで回答してもらいます。これによって必要のない会議に深刻そうな顔

をしながら参加し続けるといった無駄な時間を避けることができます。本当に取り組むべき業務を自分で決定できることは成果を出すために重要です。

●約束を書き留める

測定可能な目標やコミットメントについて、ドキュメント化をして合意します。きちんとドキュメントに書き留めることは後から言った言わないを避けることができ、コミットメントを明確にするために重要です。

●成長のマインドセット

スタンフォード大学のキャロル・S・ドゥエック教授の研究結果によると、自分の能力が固定だと信じている人は、ミスから目をそらし、自己防衛する傾向があるといわれています。逆に自分の能力は努力によって成長させられると信じている人は、ミスから学び、より高い目標を達成するために取り組むことがわかっており、これを「成長のマインドセット」と呼んでいます。不確実なテーマに取り組んでいるときには常に成果が出るとは限りません。だからこそ失敗から学び、適切な訓練を受け、他者の知見を活かし、周囲からのフィードバックを通じて能力を開発することで成果に結びつけていく必要があります。成長のマインドセットをすべての人が持てるように共通見解を持ちましょう。

●全体最適を志向する

組織全体にとっての最適な状態を目指します。自分や部署のためだけに最適化することで、他のチームやユーザー、会社全体にとってマイナスな影響を与えてしまわないように注意します。自

分のチームをスリムに保ち、他のチームが目標を達成するのを助けることで全体として大きな価値を提供します。たとえば、他の人から求められた承認を却下しなければならなかった場合、最優先事項は次回以降どうすれば却下せずに済むかを検討し、しくみとして提供することです。

●粘り強く取り組む

　GitLabでは粘り強く目標に向き合い続ける「目標への持続性」を求めています。粘り強さとは、たとえうまくいかなくても自らを勇気づけ、立ち上がり、少しずつ学びながら前進することです。最高の粘り強さとは、新しいアイデアに対してオープンであり、貪欲であることです。たとえ自分とは異なる意見をぶつけられても、その意見が目標の達成に貢献するのであれば、最初のやり方を変えてでも取り入れてみることで前進します。粘り強さとは頑固であることとは異なります。自分の意見を変えたくない、違う意見を受け入れたくないことは粘り強さではありません。

●オーナーシップ

　割り振られたタスクは最後までやり遂げるようにします。プロジェクトやタスクを処理する責任は、他人ではなく自分自身にあります。自分が解決できないかもしれないと感じたときには、すぐに関係者に知らせて助けを求めましょう。

●切迫感を持つ

　早い段階で顧客のニーズを捉えるとユーザーからの支持は増え続けていき、問題がいつまでも解決されないと負債はたまり続けていきます。急激な成長を続けるスタートアップでは、時間の影

響は雪だるま式に増えていきます。そのため、GitLabでは他の
Valueやコミュニケーションルールを遵守しながら、可能な限り
限界まで早い成果を得ることを目指しています。短いスパンでス
ケジュールを組みながら、より早く達成できる方法はないか模索
して進めましょう。

●野心的に振る舞う

小さな変更を繰り返しながらも、大規模で野心的な目標を掲げ
ます。たとえば、GitLabでは、すべての機能で世界一を目指す
と宣言しています。現状が好調であったとしても客観的に自分た
ちを見つめ直し、より高い目標を設定していきます。従業員のパ
フォーマンスを引き出すためにエンゲージメントを向上させ、パ
フォーマンスが出しやすい働き方を提供し続けていきましょう。
その一方でパフォーマンスが低い状態の従業員がいた場合には、
組織を挙げてパフォーマンス向上に努め、低パフォーマンスを許
容しないようにしています。

●行動へのバイアス

GitLabは、「Analysis paralysis（分析がいつまでも繰り返され
ている状態）」やリスクの少ないゆったりとした進め方を選んだ
りしないように、まず行動に重点を置くことが重要だと明言して
います。意思決定は慎重にするべきですが、時には失敗すること
も恐れずに行動することでフィードバックを獲得し、素早く軌道
修正できます。重要なことは失敗の数ではなく失敗の割合であり、
問題を迅速に解決することです。透明性を確保しながら成功させ
るための鍵は、「何を確認するための問いなのか（共通認識）」と
「解決策／改善のための行動の提案（具体的なアクション）」を組

み合わせることです。

●同意しない、コミットする、同意しない

　GitLabでは、「同意しない場合にもコミットする」ことを求めています。わかりづらいかもしれませんが、DRI（直接責任者）のしくみやコンセンサスを得ないという文脈から見えてきます。DRIが意思決定をするからといって、周囲が意見を述べないわけではありません。むしろ、DRIが正しく意思決定するためにはさまざまな視点からの意見が必要です。そうした意見を検討した上でDRIが意思決定しますが、DRIが周囲が述べた意見とは異なる意思決定を行うことも発生します。その決定に対して、意見が取り入れられなかった同僚たちはネガティブな感情を持つかもしれません。しかし、「同意しない場合にもコミットする」のです。反対の意見を持っていたとしても、DRIの決定に対してチームは全力で取り組みます。意志決定が正しかったのかどうかは、成果を測定してから判断すれば良いのです。

　また、どうせDRIが決定するのだからと周囲が意見を控えることも避けなければなりません。会議で大半のメンバーが反対の立場であるにもかかわらず、誰も言葉に出さないことすらあります。これは自分の意見には賛同が得られないだろうという集団における思い込みのひとつ（アビリーンのパラドックス）です。これによって避けられた失敗があるかもしれません。反対意見を述べることはハードルが高く、人間関係が危うくなることさえあります。しかし、フィードバックの表明は、すべての人が成長し、学ぶ機会です。GitLabでは対立を避けたり、仲良くするためだけに同意したりするのではなく、事実に基づいて自分の視点を共有するように求めています。また、そうした意見の対立が人間関係を崩

さないように、感情が交差する難しい対話に対するトレーニングを提供しています。

●不確実性を受け入れる

　取り組んでいる仕事について、不確実性が存在していると受け入れます。不確実性を排除する方法は、長い時間をかけて分析や推測を重ねることではなく、不確実性を受け入れて前進しながら問題を取り除いていくことです。間違っていた解決策は後から修正できますが、臆測のうちは何も改善できません。

●障害を取り除くためにマネージャーを動かす

　GitLabは、DRIを定義することにこだわると宣言しています。DRIには、障害を排除するために上司に働きかける権限と責任が与えられています。GitLabのマネージャーは、チームメンバーの仕事のアウトプットを増やすことが役割です。これは元インテルのCEOアンドリュー・S・グローブの著書『HIGH OUTPUT MANAGEMENT』（日経BP社）において中核をなす概念でもあります。DRIが発生している問題を早期にマネージャーに共有することによって、マネージャーは問題解決の支援を提供できるようになります。成果を出すためにマネージャーを動かして障害を取り除くことはDRIの重要な役割です。

効率性（Efficiency）

　組織の規模が拡大したり事業やサービスが複雑になるに従って、新たなルールが加わったり、すでに役割を終えた古い業務プロセ

スが残り続けていくといった非効率を組織は知らず知らずのうちに内包していきます。効率が悪いことは、人の努力と時間を成果につながらないことに投資することを意味しています。これは、会社が掲げるビジョンの達成を遅らせ、一緒に働いている人たち全員を成功から遠ざけることになってしまいます。適切なテーマに効率的に取り組むことができれば、迅速に物事を進捗させることができます。それによって、メンバーの仕事がより充実したものになるでしょう。

　GitLabでは規模が大きくなるにつれて生まれてくる複雑さや本質的ではない仕事を抑え、規模の拡大と効率の良さを両立させるために、効率性をValueとして掲げています。以下に挙げるのは、効率性を実現するためにGitLabが定めている具体的な内容です。効率性に関しては、リモート組織にかかわらず多くの企業にとって参考になるでしょう。

●健全な制約に絞る

　多くの企業では時間の経過と共にルールやプロセスが増え、成長が鈍化していきます。GitLabは成長しながらもスタートアップのようなアジリティ（俊敏性）を持ち続けることを目指すと明言しています。そのために何か他人に制限をかけたり、ルールを追加したりする際には健全な制約に限定することを求めています。つまり、ルールや作業が本当に必要なのかを問い続け、妥当なものだけ残し、それ以外は撤廃することを日常的に続けていきます。

●物事を書き留める

　ハンドブック、会議メモなどすべてをドキュメント化します。「かすれたインクは鮮明な記憶に勝る」（中国のことわざ）ためで

す。質問と説明を何度も繰り返すよりも、ドキュメントを読むほうが効率的ですし、口頭での約束は解釈が曖昧なまま進んだり、忘れてしまったりすることもあります。さらにGoogle DocsやGitLabでドキュメントを管理すればバージョンを管理でき、問題があれば以前のバージョンに簡単に戻せるため、誰であっても気軽に改善の提案ができるようになります。ドキュメンテーションを徹底しましょう。

●退屈な解決策を選択する

GitLabでは課題に対して「最も単純で退屈な解決策」を取ると明言しています。「退屈」とは、「低品質」や「問題の後回し」という意味ではありません。退屈な解決策であることは地味で平凡かもしれませんが、すでに実績があり、多くの人が理解できます。組織や製品のイノベーションを起こすスピードは、複雑さの蓄積によって低下していきます。そのため、少しでも複雑さを減らすことが効率性の面では重要です。自分が楽しく仕事をするためだけにユニークで派手な技術や企画を選ぶのではなく、確立されたポピュラーな手法を用いることで、全員にとって安定した体験が保証されるでしょう。

●セルフサービスとセルフラーニング

まず自分で答えを検索し、答えが見つからなかったりよくわからなかったりする場合には、オープンな場で質問することを推奨します。記録されていない新しい情報が見つかった場合にはドキュメントに追加し、後から入社してくるメンバーが同じ質問をしなくても良いようにします。こうした積み重ねによって、自ら調べて学習するカルチャーがつくられていきます。

●正しい範囲に向けた効率性を追求する

　全体最適を優先します。個人や小さなグループに最適化された
プロセスは全体にとっては効率的ではないことがあります。Git-
Labの場合は何か意思決定をする際に「誰のために最も効率的で
なくてはならないのか？」と自問するように推奨しています。ユー
ザーや顧客、チームメンバーなど、正しい範囲に向けた効率性
を追求しましょう。

●他人の時間を尊重する

　GitLabでは他人が費やすことになる時間を考慮するように注
意されます。たとえば、必要のない会議を避けるため、まずは会
議以外の方法で物事を進められないか模索し、会議が必要な場合
には任意参加できるようにします。また、どのような会議であれ、
会議の招待にアジェンダを添付しておき、参加者は事前に目を通
し、質問を洗い出した上で参加します。会議内容は議事録に残し、
参加できなかった人たちも確認できるようにしておきます。会議
以外では不必要な承認プロセスをつくらないことも重要です。何
か物事を進める際に許可を求めるのではなく、他人の判断を信頼
し、質問があれば相談に乗るという形で進めます。

●会社のお金を自腹だと思って活用する

　会社で使ったお金は、改めて稼ぐ必要があります。そのため、
会社のお金だからといって好きに使うのではなく、自腹を切るよ
うな感覚で節約をします。この背景には、ただ節約したいわけで
はなく、適切な投資をするという思惑があります。コストに見合
わない無駄な出費を容認していると、事業成長のために本来投資
するべきだった対象が後回しになってしまう可能性があります。

何かに投資しようとする際には、コストと比較して、会社にもたらす進捗や効果を検討します。GitLabの場合には、この基本原則に沿ったガイドラインを作成し、経費計上のプロセスと期待される内容をチームメンバーがより理解しやすいようにしています。

●口頭での端的な回答

口頭での質問には結論から端的に回答します。疑問があれば質問者が追加で質問し、改めて回答します。もし、質問がなければ次に進んでいきましょう。

●周知は短く

Slackなどでたくさんの人に向けて周知するときには、短いメッセージにすることが重要です。文章が長すぎる、整理されていない、明瞭でない、専門用語が多い、不正確であるなどの要素があると、多くの人がしっかりと文章の意味を理解しようとはしなくなってしまいます。曖昧な文章はリーダーの信頼を毀損し、本来伝えようとした意図ではない情報が伝わる可能性を増やします。逆に明快な文章を書くカルチャーはマネージャーの生産性を高めます。端的に要点を押さえてメッセージを送るようにしましょう。

●マネージャー・オブ・ワン

GitLabでは、チームメンバーが目標達成するためにマネージャーの判断を仰がなくても、自ら経営者のような視点で動く人材（マネージャー・オブ・ワン）になることを望んでいます。いわゆる当事者意識や経営者視点に近いイメージです。チームメンバーはプロジェクトや自発性を自由にコントロールし、それらを成功まで導くと信頼します。メンバーはそれに応えて、自律的に動

きます。

●ミスを許容する

あらゆるトラブルに対して、必ずしも新しいプロセス（再発防止策）を用意するべきではありません。何か新しいプロセスを追加すると、そのプロセスを活用するすべてのアクションが1段階非効率になります。それによってすべての人が非効率になってしまいます。一方で、発生したミスはそのときにしか影響しません。そのミスが致命的ではなく頻度も限定的であるならば、イレギュラーな間違いは発生することがあると受け入れて、そこから学びを得ましょう。

●最小限の変更を行い、最速でリリースする

短期間で開発を繰り返す「アジャイル開発」における、期間の単位を「イテレーション」と呼びます。イテレーションは短期間の行動と検証から学びを得て、迅速にニーズにたどり着くことを目指しています。GitLabの場合は、最短のイテレーションを行うことで効率良く改善し、成果につなげることを目指すと宣言しています。いくつかの仮説が織り交ぜられているような大きな変更はイテレーションではありません。大きな変更には時間がかかり、学習のタイミングが遅くなってしまうことや複雑性が増すことで結果に影響した要因がわからなくなり、正しく学習できなくなるため、イテレーションの効率性が落ちます。タスクが最小単位で実行可能でなければスコープを狭め、最小限かつ最短でリリースします。これは開発だけでなく、ビジネスプロセスでも共通する考え方です。

●変化を受け入れる

さまざまな機能が追加され、ユーザーの要望は変化し、競争環境は流動的というあらゆるものが複雑に絡み合っている環境で私たちはビジネスを進めています。こうした変化の激しい環境の中で最も成功している企業は、ビジネスロードマップと組織を迅速に適応させ、計画と実行機能を整合させ続けています。

ビジネスロードマップは状況に適応させることができていても、組織をビジネスロードマップに追い着かせることに苦労しているケースが多くあります。組織の整合を妨げる大きな要因が、組織を変化させる際に発生するチームへの影響の大きさです。組織を変化させる際に、チームや担当領域、マネージャーなどの構造が変わり、それによって混乱を生じることがあります。そうした混乱を目の前にすると組織を変えることに対して後ろ向きになってしまうことがありますが、学習のポジティブな機会であると捉えるようにすると、成功の可能性が高まるとGitLabは考えています。また、混乱を抑えるために経営陣はビジネスと組織の変化について思慮深く捉え、従業員に対して意義を丁寧に説明し続ける責任があるでしょう。

ダイバーシティ＆インクルージョン、ビロンギング（Diversity, Inclusion & Belonging）

ダイバーシティ＆インクルージョン、ビロンギングはGitLabが成功を実現するための人材戦略において根本的な要素として挙げているValueです。

ダイバーシティとは組織における多様性を意味しています。人種や性別、年齢といった「表層的なダイバーシティ」と性格や価

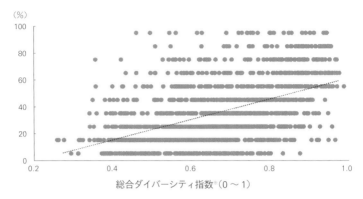

（%）

総合ダイバーシティ指数※（0 〜 1）

注：N＝1,606、R^2＝0.257（有意水準 P＝0.001）
※総合ダイバーシティ指数はBlau指標のダイバーシティの6要素（出身国、他の業界で働いた経験、キャリアパス、性別、学歴、年齢）の平均
出典：Rocio Lorenzo and Martin Reeves, "How and Where Diversity Drives Financial Performance", January 30, 2018
（ボストンコンサルティンググループ）（『ハーバード・ビジネス・レビュー』「組織の多様性はどこで、どのように業績を高めるのか」）

■ **ダイバーシティとイノベーションによる収益の関係**

値観、宗教、性的指向といった「深層的なダイバーシティ」という2つのダイバーシティが存在しており、どちらの多様性も意識して育んでいくことが重要です。

ダイバーシティが企業に与える影響としては、ボストンコンサルティンググループの調査[5]によると、ダイバーシティが平均以上の企業はイノベーションを促進し、特にデジタルイノベーションを重視する企業の業績を向上させることがわかっています。その他にも人材採用が企業の経営課題として扱われる中で、国籍や年齢、場所を問わないダイバーシティは採用候補者のプールを何十倍にも増やすことにつながります。さらに、女性取締役が存在する取締役会は、男性しかいない取締役会と比べてリスク管理能

力が高く、株価パフォーマンスも好調であること[6]がわかっています。その一方で、ダイバーシティは多様な価値観を理解し合うため、コミュニケーションのコストが高まるというネガティブな要因も指摘されています[7]。**このネガティブな要因を乗り越え、パフォーマンスにつなげるために必要な要素がインクルージョンです。**

インクルージョンとは組織における包括性を意味し、すべての従業員が活躍できる状態を指しています。次ページの図は内閣府の行った調査[8]ですが、多様性を高めたとしても組織環境がインクルーシブでない場合には、組織のパフォーマンスが下がってしまうことを示しています。多様性が豊富であることは「当たり前」の基準が多様性の数だけ異なるという意味であるため、そのギャップを埋めるための施策がないことによってコミュニケーションのコストが増加したり、意図が伝わらずにミスや手戻りが発生してしまったりします。また、マイノリティが冷遇されることによってマジョリティとの対立が発生してしまい、モチベーションの低下や発生した問題への対処に時間が取られてしまうことなどが考えられます。

ダイバーシティを組織パフォーマンスにつなげていくために、インクルージョンに対する経営のコミットメントやその実現のための中長期の計画、ビジョンを示し、さまざまな状況の従業員が活躍できる柔軟な働き方を用意することによって、組織の生産性を大きく向上させることができるようになります。これがダイバーシティとインクルージョンを両立させる必要があるといわれている理由です。

最後にビロンギング（Belonging）について説明します。比較的最近の概念で、**「自分の居場所はここである」** という感覚です。

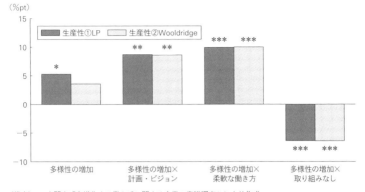

(%pt)

凡例: 生産性①LP　　生産性②Wooldridge

| | 多様性の増加 | 多様性の増加×
計画・ビジョン | 多様性の増加×
柔軟な働き方 | 多様性の増加×
取り組みなし |

（備考）1．内閣府「多様化する働き手に関する企業の意識調査」により作成
　　　　2．***、**、*はそれぞれ、多様性が増加した企業とそうでない企業の生産性の伸びの差が1％、
　　　　　5％、10％水準で有意であることを示す

出典：内閣府「令和元年度　年次経済財政報告」
URL：https://www5.cao.go.jp/j-j/wp/wp-je19/

■ 多様な人材と生産性

海外では最近になって話題になってきていますが、むしろ1社に骨をうずめるという考えが主流であった日本のほうが馴染み深い感覚かもしれません。

　ただし、日本の「会社が居場所である」という感覚は、全社員に画一的な価値観を強要することで家族の一員として認めるというイメージです。こうした考え方はインクルージョンとは真逆の考え方です。

　高い組織パフォーマンスを実現するために重要であることは、多様性の文脈においてビロンギングを実現することです。GLINTの調査[9]によるとビロンギングを感じている従業員はエンゲージメントが6倍高いことが確認され、エンゲージメントの高さは行動量、野心的な目標の設定、自らフィードバックを求める姿勢などを高めます[10]。また、『ハーバード・ビジネス・レビュー』

の調査でも同様に、ビロンギングを感じている従業員は仕事のパフォーマンスが56％向上し、退職リスクが50％低下し、病気による欠勤日数が75％減少することが示されています[11]。ビロンギングを感じるためには、自分が組織の中で軽く扱われているなどの不安を覚えておらず、自分の力がここでは発揮できるという自信が必要になります。

　ここまでの説明を整理すると、ダイバーシティは**実際に組織に多様性が存在していること**、インクルージョンは**所属しているすべての従業員が活躍できるという方針の確約**、ビロンギングは**その結果として従業員に生まれるもの**だと捉えると良いでしょう。

　こうした背景を踏まえ、GitLabでは誰もが成功できる環境を育むためにインパクトのある取り組みを実践することを宣言しています。たとえば、組織におけるマイノリティや人数が少ない地域の従業員を増やすためにボーナスを用意したり、ダイバーシティ＆インクルージョン、ビロンギングのイベントのスポンサーになったりするなど、インクルージョンの方針を示しながら、実際に多様な人々が活躍している環境を実現しています。

　以下に挙げるのは、ダイバーシティ＆インクルージョン、ビロンギングを実現するためにGitLabが取り組んでいる施策やルール、共通認識として持つべき知識です。これらを参考に、皆さんの組織でも多様性を活かすためのヒントとして活用してください。

●非同期コミュニケーションを優先する

　可能な限り業務を非同期で行うようにします。これによって家庭の事情やコミュニティ活動を行っている人、住んでいる国の違いによってタイムゾーンが異なる人など、時間的にさまざまな状況にいる人たちが活躍できるようになります。テキストメッセー

ジやSlackだけでなく、会議の録画やドキュメントも活用します。GitLabの場合は、勤務時間外にはSlackをオンラインにしたり反応したりするようにプレッシャーをかけるのではなく、ドキュメントを活用して通常の稼働時間で対応できるようにしています。

●不快な考えや会話を受け入れる

　ダイバーシティを受け入れることは、今まで目をそらしてきた問題や異なる価値観の人たちが置かれている難しい状況に向き合うことを意味します。この概念はインクルージョンの核心をなすもので、マイノリティが直面しているさまざまな課題を解消するために必要なスタンスです。画一的な価値観で過ごしてきた人が、こうした問題に向き合うことには不快な感情や違和感を覚えることがありますが、そう感じてしまうことはダイバーシティを推進する上で至極正常な反応です。聞いた瞬間は戸惑ってしまうようなテーマに対して向き合うことが、インクルーシブな職場環境への道筋になるとGitLabは述べています。

　異なる文化や理解できない考え方に出会ったときには、自分が固定観念にとらわれていないかをまずは自問してみましょう。戸惑うようなテーマを前向きに受け止められるようになれば、単に「気を遣う」のではなく、当事者として目の前の問題に向き合えるようになるはずです。

●マイクロアグレッションの影響を理解する

　マイクロアグレッション（小さな攻撃性）とは、意図せずに他人を傷つけてしまう無意識の差別的な行動のことです。たとえば、「君は日本人なのに積極的だね」とか、「女性なのに数字に強くてすごいですね」といった言葉がそうです。言葉を発した本人は褒

めているつもりですが、本人も気付かずに「日本人は臆病」「女性は数字に弱い」という先入観が言葉の背景に隠れており、言われた側としては遠回しに下に見られていると感じてしまうことがあります。マイクロアグレッションは徐々にインクルーシブな環境を悪化させ、人々を疲弊させていきます。マイクロアグレッションを減らすためには、属性を通して相手を見るのではなく、独立した一人の人間として向き合う必要があります。

●多様な視点を求める

GitLabでは、あらゆるメンバーからフィードバックを求めることが、より良い意思決定とビロンギングの向上につながると明言しています。多様な価値観を通して得られるフィードバックは、多角的な視点を取り入れられるようになり、先入観やアンコンシャス・バイアスに気が付くことができます。これによってビジネスの意思決定でも的外れな思い込みに気付き、本質的な見解を得られるため、成果につながりやすくなる効果があります。

●家族を歓迎する

リモートカルチャーのユニークな要素のひとつに、ミーティングでチームメンバーのお宅訪問をしながらコラボレーションできることが挙げられます。GitLabの場合は、会議の雰囲気が許すならば、家族やペットをミーティング画面に招待して、同僚にあいさつしてもらうようにしています。これによって親近感が芽生えたり、朗らかな空気がチームにとって良い刺激となります。友好的な雰囲気を促進するために、品のない態度を取らないことや言葉遣いに配慮するようにしましょう。

●大義のために勤務時間をコントロールする

　育児や介護、社会問題への支援、コミュニティ貢献といった活動は通常の業務終了後にやれば良いわけではありません。Git-Labでは慈善活動や地域のコミュニティ活動が行われている場合には、上司と相談して勤務時間を調整し、世の中にとって最も貢献できる時間帯に参加できるようにしています。このような活動に参加している同僚がいたら、残りのチームメンバーは不在の間にあった出来事についてドキュメントを整理し、戻ってきた際にすぐにキャッチアップできるように助けてあげましょう。

●カルチャーマッチではなくバリューマッチを選ぶ

　GitLabでは、カルチャーを基準として採用したり、ビアテスト（一緒にお酒を飲みたいと思えるか確認するテスト）のように考え方が近く、仲が良くなれる候補者を選んだりしていません。GitLabでは共通のValueに基づいてより良いカルチャーをつくり上げていけるメンバーを採用し、Valueを体現している人に対して報いることでより良いカルチャーを実現していきます。

●職場における宗教と政治

　政治や宗教に関する話題はマイノリティを傷つけやすいためオープンな場で話すことは避けるべきです。しかし、まったく議論をしないわけでもありません。GitLabでは、組織をよりインクルーシブにするために、業務上の決定についても自由に議論することを推奨しています。

　そうした議論の際には、ダイバーシティとセンシティブな話題が交錯するグレーゾーンの会話が発生することもあります。グレーゾーンのコミュニケーションに対しては特に慎重に扱うように

配慮しましょう。たとえば、GitLabでは行動規範や倫理規定に従って、特定の政治家や政党に言及する記事を多くの人が目にする場所で投稿してはならないと決めています。個人的な同僚との会話の中で政治や宗教について話すことは許容されていますが（目的は相互理解のためであり、どちらが正しいか議論するためであってはなりません）、配慮を意識し、行動規範・倫理規定に基づいて行動するように求めています。

●型破りを楽しむ

予想外の出来事や型破りな取り組みは人生をより面白くします。ユニークな贈り物、習慣、行動、視点を称賛し、増やしていきましょう。GitLabの場合は、仕事は自分を表現する上で素晴らしい方法だと考えている人を採用するようにしており、お互いに刺激を与え合いながら前進することを目指しています。

●安全なコミュニティを構築する

GitLabは組織やコミュニティの一員として加わった人に対しては、誰もが安心する権利があることを宣言しています。Git-Labでは、チームメンバーを含むコミュニティメンバーによるあらゆる虐待、いやがらせ、排除、差別、または報復を容認していません。メンバーはいつでも他人をひどく扱う相手とのコミュニケーションを拒否し、不快に感じる状況から抜け出せるようにしています。他人を攻撃するような振る舞いをする人に対しては厳格に対応します。

●アンコンシャス・バイアスを理解する

アンコンシャス・バイアスとは、人間が無意識に偏った物事の

見方をしてしまうことを意味します。アンコンシャス・バイアスはすべての人に影響を与えるものであり、メンバーと組織に与える影響が極めて大きいことを認識する必要があります。自分自身のアンコンシャス・バイアスを把握し、チームメンバーに対しても自分のことを理解してもらえるように振る舞わなくてはなりません。アンコンシャス・バイアスに関しては、第6章で詳しく説明します。

● インクルーシブな言語と代名詞を用いる

インクルーシブな言葉を使用します。たとえば、"Hi guys" よりも "Hi everyone" や "Hi people" を用い、"he/she" よりも "they" を用います。適切でない言葉を用いてしまった場合には、礼節を持って謝罪しましょう。

● インクルーシブな会議

出席者全員が自分の見解を説明することで、会議に主体的に参加してもらうことはリモート環境では特に重要です。社内会議では事前アジェンダを書いたドキュメントを使用して、あらかじめ質問を記入してもらうようにします。質問は会議中に順番に回答され、ドキュメントに議論を記録するようにしています。

● ニューロダイバーシティを受け入れる

ニューロダイバーシティとは、人間の脳の多様性を指しています。自閉症やADHD、統合失調症、双極性障害、情緒的感受性の違いなどは脳の多様性が影響していることがわかっており、そのようなニューロダイバーシティを持つ個人は特定のシーンで活躍できる独自のスキルと能力を持っていることがあります。たと

え相手が予想外の行動を取ったとしても、その人にとっては当たり前の行動かもしれません。相手が常に前向きな意図を持って取り組んでいると想定することが脳の違いを受け入れる際には重要です。

●家族や友人が第一、仕事がその次

長く続く人間関係は人生において根本をなすものであり、仕事よりも優先されるものです。

イテレーション（Iteration）

GitLabでは「イテレーション」というValueを掲げており、迅速なフィードバックを得て確実に前進するために検証が可能な最小単位で物事を実行していくことにこだわりを持っています。

イテレーションとは、一般的にはソフトウェア開発におけるアジャイル開発手法で用いられるサイクルの単位のことです。アジャイル開発では要件定義、設計、実装、テスト、評価というイテレーションのサイクルを短期間で繰り返すことによって、問題発見や改善の糸口を発見することを目的としています。アジャイル開発が生まれた背景としては、長期スパンの厳密な計画を立てたとしても想定外の問題や考慮漏れが発生したときには大きな手戻りが発生して長い時間をかけて準備したものが無駄になってしまったり、何年もかけてせっかくつくったものがユーザーの期待とずれていることに気が付かなかったりすることを避けるためです。

以前と比べて社会の複雑性が増し、ニーズが多様化しているといわれている状況では、数年先の未来やユーザーのニーズを正確

に予測することは現実的ではありません。現実世界に対して細かくリリースすることによって、即座に客観的でリアルなフィードバックを得られるのがイテレーションのメリットです。GitLabではソフトウェア開発だけではなく、ビジネス全体にイテレーションを適用し、**組織全体で学習サイクルを回して前進すること**を目指しています。

イテレーションでは、**「何かを追加すること」か「何かを削除すること」**を行います。言い回しを変えるといった、ユーザーやチームに対して何の変化も与えない行動はイテレーションには該当しません。大規模な計画は作成せず、「最初に何をするのか」という具体的なステップだけを明確にします。その次に取るべき行動は、最初のステップがリリースされた後に得られたフィードバックによって明確なものになります。イテレーションにおける最初のリリースは、小さすぎて気恥ずかしいくらい些細なものであれば正しいやり方を行っているとみなされています。

GitLabによると、新しく加わったメンバーが最も過小評価するValueがイテレーションであるそうです。イテレーションは地味で影響が少ないように感じますが、実際のところ作業の進捗や目標達成に対して予想以上に大きな影響を与えているValueです。新しくGitLabに加わったメンバーは、最初のうちは決断のスピードの速さや、誰もが周囲に相談することなく物事が決まっていく様子を見て戸惑うことがあるようです。しかし、実際にイテレーションを経験してみると、大抵の場合、シンプルな選択肢が最も良い選択肢であることに気付くことになると説明されています。

一般的な組織では、完璧な計画を立て、洗練されたものをつくり上げなければならないと教え込まれます。けれども、実際にはすべてを想定することは効率的ではなく、効果的でもありません。

一方で、完璧な想定をしないことによって、低品質であったり問題を抱えた製品をリリースしてしまうのではないかと不安を覚えてしまうかもしれません。しかし、イテレーションの正しいやり方を身に付けることで、品質を保ちながら効率的にユーザーに価値を届けていくことが可能になるでしょう。

　効果的にイテレーションを活用するためには、まず、**取り組んでいるプロジェクトがどんな価値を提供しているのか書き出すこと**です。その価値に対して現状から改善できる部分や何を達成するべきなのかといった要点を整理していきます。そうして取り組むべき項目が決まったら、検証可能な最小限の取り組みを実行しましょう。実行した結果、効果的ではなく前の状況に戻すこともあるでしょう。しかし、それは実行した内容が「効果的ではなかったことが判明する」という意義のある学習なのです。もし、大きな変更を行うために時間をかけて計画を作成し、綿密な準備を行い、いざ実行した後で効果的でないことがわかったとしたらどうでしょう。多くの時間と労力が無駄になり、早くわかっていればたどり着けたかもしれない成果から遠のくことになってしまいます。イテレーションにおいて、変更前に戻すことは問題ではなく、ポジティブな意味を持つことを理解しましょう。

　小さくステップを刻んで、よりシンプルな機能をリリースすれば、より早くフィードバックを得られます。これによって間違った機能の開発に時間を費やしたり、間違った方向に進んだりすることなく迅速にフィードバックを受け、軌道修正することでユーザーに価値を提供できるようになるのです。

　以下はGitLabがイテレーションを機能させるために取り組んでいく施策や考え方になります。最小単位で学習サイクルを回し、現実に向き合って前進していくためのやり方を身に付ける上でぜ

ひ参考にしてください。

●一刻を争う

　小さな修正やブログ発信といった価値を感じるものがあれば、迷うことなくすぐに実行しましょう。こうしたテーマを思いついた瞬間、頭の中はフレッシュでモチベーションにあふれています。インスピレーションは枯渇しやすいものです。より良い案がまとまるまで待つ必要はありません。きっかけを待ってはいけません。書きかけの状態で止まっているものは次第に古くなって価値を失っていき、すぐに実行していれば得られたはずのフィードバックを逃してしまいます。迅速なアクションを推奨し、またそういう行動が見られた際には称賛しましょう。

●期日を設定する

　必ず期日を設定します。もし、特定のイベントに合わせた計画があるならば、それを期日に設定します。すべてが期日通りにリリースできるわけではありませんが、期日を設定することでコミットメントを引き出し、より良いフィードバックを得られるようになります。

●プロセスをメンテナンスして承認待ちをなくす

　承認を待つと作業が遅くなります。これを避けるためには、新たに承認プロセスを加える際に作業が遅くならないかチェックしたり、承認プロセスを加えた後にプロセスを見直して最適化したりすることで防止します。しかし、理想的にはそもそも必要のない承認を行わないことです。

●可能な限り少数のユーザーに影響を与えるところから始める

多数のユーザーよりも少数のユーザー、外部のユーザーよりも
社内のユーザー（ドッグフーディング）、フィードバックが得ら
れない部分よりフィードバックが得られる部分を優先して、世の
中にリリースします。

●サイクルタイムを短縮する

可能な限り短いイテレーションでサイクルタイムを短縮します。
可能であれば1週間もしくは2週間単位で実行します。

●MVC（最小限の実行可能な変更）を目指す

GitLabでは、最低限の変更のみでリリースすることを「MVC
（Minimal Viable Change）」と呼んでいます。ユーザーに価値を
提供するために、可能な限り早く小さい変更を行うようにします。
変更によって明らかに改善する場合には迷わず実行します。価値
を届ける変更とは、何かを「追加」する場合と何かを「削除」す
る場合しかありません。プロダクトの場合には、バグや使いづら
さがなく、ユーザーのニーズを満たす機能が提供されているかど
うかを徹底します。

●プロポーザルを用意する

プロポーザルとは、具体的な解決策まで踏み込んだ提案のこと
です。意見や感想の表明はプロポーザルではありません。チーム
として何かを決定する必要がある場合には、会議を開いて全員の
意見を集めるのではなく、具体的なプロポーザルやたたき台を用
意します。プロポーザルがあることで全員の時間をより効果的に
活用できます。

GitLabでは、「すべての会議はプロポーザルのレビューであるべきだ」と明言されています。会議でレビューをもらう際には、他の参加者が効果的な改善案を提案できるように、解決したい本質的な課題のディティールと現状のコンテクストを丁寧に説明するようにしましょう。

　プロポーザルが用意できなかったとしても、問題を主張することは必要です。その場合には、良い解決策が見つからなかったことを述べ、あなたが思いついたアイデアを列挙してください。アイデアを思いつくためには、ブレインストーミングは非効率であることがわかっているため、自分自身でブレインライティングを行います。ブレインライティングとは、紙やドキュメントファイルに無言で思いつくことをひたすら書き出す方法です。プロポーザルに対して、会議の参加者は事前の根回しがなかったことに腹を立てたり、自分の主張する提案を通したいという気持ちを優先するがあまり、最高の成果につなげるための妨げにならないように注意しましょう。

●すべてが制作途中だと理解する

　GitLabでは、コンテンツやプロポーザルに「WIP（下書き、制作途中）」であるというマークを付けることはほとんどありません。なぜならば、すべての仕事は制作途中であり、状況に応じて変更される可能性があるためです。まずは、いったんリリースしましょう。

●長期的視点で細かく説明する

　GitLabでは、常に長期的な視点で最適化を行うべきだと述べられています。たとえば、未来のユーザーを見据えて良い製品を

使ってもらえるようにするため、UXなどは長期の視点で計画を立てます。実際の改善は小さな変更の積み重ねですが、ユーザーに対して長期のロードマップを説明しておくことで、徐々に大きなものに成長していく過程を共通認識として持てるようになります。

●恥ずかしさのハードルを下げる

多くの組織では完璧ではない仕事、つまり不測の事態や反論を想定しないことに対して叱責されたり、問題視されたりするリスクが存在しています。そのため、成果物を発表する前に「もしも」のシナリオに対応するための予防策に多くの時間と労力を費やすことになります。しかし、その欠点は大きく、イテレーションによって改善できたはずの多くの時間を無駄に費やしてしまうことになります。恥をかかないように完璧なクオリティになるまで仕事を隠そうとしてしまう当たり前の感覚と戦えるようにチームを勇気づけ、その代わりに小さな変化を祝う環境であると感じてもらえるようにすることが重要です。

●文化のレンズ

生まれ育った文化の違いは、イテレーションを行う上で文化独特の課題や思い込みにつながることがあります。たとえば、「完璧である必要はない」というような表現は、失敗を恥ずかしいと考える文化で育った人にとっては抵抗感が強いものかもしれません。イテレーションを行う際には、文化の規範に左右されている自分に気付いてもらい、共通の理解を構築していくことをお勧めしています。イテレーションを繰り返す度に、心理的安全性を保ちながらフィードバックを提供していくことが効果的です。

●改善に集中する

改善に集中するために短期的には批判的に捉え、長期的には楽観的であるスタンスを維持します。優れている企業が直面している課題について発言を繰り返すのは、うまくいっていることだけでなく、より改善できるものにフォーカスしているためです。あらゆる会話において「何を改善できると思いますか?」と質問することは、うまくいっていないという意味ではなく、より良くできる部分がどこなのかに集中したいためです。

●まずはスピードと成果、次にスケール

何か変更を行う際には、まずはスピードと成果を最優先に設定します。それによって、他のプロセスや機能にどのような影響を与えるか検討します。その変更がうまくいくことがわかった際には、次にどうやって拡大できるかを考えていきます。このような順番で優先順位を付けることで効果的な拡大につなげていけるでしょう。

●まとめてしまいたい欲求に抵抗する

一連の小さなイテレーションをまとめてしまいたい衝動に抵抗してください。いくつもの小規模なプロジェクトをまとめた網羅的なプロジェクトや構想をつくることはワクワクします。しかし、これはスコープクリープと呼ばれるものを引き起こし、はじめに予定していたよりもコストが肥大化していき、成果よりも完璧さを優先させるものに変化していきます。

●後戻りができるなら決断を行う

ほとんどの決定は、簡単に撤回できます。このような場合、

DRIは承認を得ずに決定を下すべきです。どうしても覆せない重大なリスクや大きな意思決定の場合のみ、より綿密な議論を行うようにします。

●提案を変更することはイテレーションではない

　外部にリリースせずに内部で修正を重ねるのはリビジョンであり、イテレーションではありません。ユーザーに届けることではじめてフィードバックからの学びを得られます。さまざまな人の意見に応えようとしてリビジョンを行っていると、多くの場合、時間を無駄にしてしまいます。小さな変更を素早くリリースし、実世界のフィードバックを得るほうが効率的です。とにかくリビジョンをイテレーションとは呼ばないでください。それはイテレーションを妨げる真逆の行動です。

●イテレーションは評価が重要

　イテレーションで最も重要なのは、1サイクルのイテレーションにおける最終のプロセス、つまり評価（Evaluation）です。イテレーションを行う価値はエンドユーザーからフィードバックを得て学習ができることです。これを目的として短期間でできるだけ多くの成果を得られるようにする姿勢が必要です。何を検証するのか目的を決める要件定義（Requirement）ではイテレーションを繰り返す必要があるような遠い未来の仮説を立てるのではなく、イテレーションで検証できる価値を定義し、イテレーションを完了させたときに得られたコンテクストを活用して前進していきます。

●小さなマージリクエストを作成する

　ハンドブックのコード変更やプロセス変更のためにマージリクエストを提出する場合、できるだけ小さなものにします。GitLabではハンドブックに新しいページを追加するときには、少量の初期コンテンツで新しいページを作成してマージし、その後のマージリクエストで繰り返しセクションを追加していく方法を採っています。同様に、サービスに機能を追加するときには、マージリクエストを作成する前に機能のスコープを絞れないか検討し、マージリクエストをできるだけ小さくするようにしましょう。

●慎重にイテレーションを行うケースもある

　影響範囲が大きい場合や一貫性が必要なテーマに関するイテレーションは慎重に判断する必要があるため、追加のレビューを行うケースも存在します。たとえば、ブランディングのメッセージ、製品カテゴリーの変更、大規模な組織構造、Valueといった内容に対して変更を行う場合が該当します。こうした慎重に検討しなくては他のイテレーションを妨げてしまう可能性を含むものについては、禁止するためではなく、全体最適のためにレビューを実施します。

●イテレーションではない12のこと

　イテレーションは、しばしば直感に反していることがあり、実施するのが難しいものです。イテレーションが何かを明確にするためには、イテレーションでは「ない」ものを目にすると理解が深まります。次ページに挙げたものは、GitLabがイテレーションを理解する過程で勘違いしてきた、GitLabのイテレーションの定義に当てはまらない12の例です。イテレーションであるとい

> - 品質を犠牲にする
> - ドキュメンテーションを避けたり、なくしたりする
> - セキュリティを妥協する
> - 推奨されないパスやデフォルトで搭載されていないものを提供する
> - 価値を提供しないものをリリースする
> - 重要でないアイテムにフォーカスするための口実にする
> - 決定していたゴールの変更や引き下げをする
> - リリースも公開も行われない、ただの改訂をする
> - 非現実的なほど厳しいスケジュールを押し付けるための口実にする
> - 計画を立てないための口実にする
> - 長時間労働を強いる
> - 他人に自分のミスの対応を押し付ける

■ イテレーションではない12の事柄

いながら、このような例が出てきた場合には認識が異なっていることを伝えましょう。

透明性（Transparency）

　情報をオープンにすることで、多くの人が情報にアクセスできるようにするためのValueが透明性です。GitLabが透明性のValueを採用している理由は、**透明性はコラボレーションを促進させ、社外からの認知度を高める**といった組織にとってのメリットがあるからです。それに加えて、**組織の健全性を維持し続けることに寄与し、規模の拡大に伴う組織の劣化を抑止していくこと**にも役立ちます。

GitLabの場合、コラボレーションのハードルを下げるために、現状取り組んでいる課題の一覧をツールを用いて共有したり、マーケティングの状況、インフラの稼働具合などを公開したりしています。これによってメンバーは簡単に会社が置かれている状況を把握できるようになり、組織が向き合っている重要なテーマについて貢献しやすくなります。

　認知度向上の面では、昨今のリモート組織に対するニーズが増えたタイミングで「GitLab Handbook」が参照される機会が増え、SNSなどでも話題になる機会が増えました。ハンドブックを参考にしてリモート組織を構築する企業が増えることで、さらに評判が広がり認知度が向上します。また、組織が外部に向けて発信している情報と、企業口コミサイトなどに掲載されている従業員の内部情報の間に乖離がないことは、組織に対する高い信頼性につながり、転職希望者が転職先として選ぶ可能性も高くなります。ハンドブックには重要視しているValueなども明確に書かれているため、その価値観に合致していると感じている人材が自発的に応募し、合わないと思う人材は自ら応募を避けるといった、効率的な採用にもつながるでしょう。

　こうしたコラボレーションや認知度向上のメリットも重要ですが、最も重要なのは**組織の健全性の観点**です。組織は成長するにつれ、情報の透明性に対する意識が希薄化していき、約束していた基準とは異なる意思決定をするようになったり、例外をつくりやすくなってしまいます。こうした言行の不一致は組織を徐々にむしばんでいき、最終的には組織内における相互の信頼性を失わせ、そのうえユーザーからの期待にも応えられない組織へと変貌させてしまいます。ユーザーの反応よりも上司の独断で意思決定がなされ、従業員は上司の顔色を窺い、無意味な会議や業務に取

り組むことになってしまいます。だからこそ、客観的な視点によって透明性を維持し続けることが組織の健全性を維持し続けるために重要なのです。

ただし、すべてを公開すれば良いわけでもありません。機密情報やプライベートな情報など公開するべきではない情報もあり、それは厳しく管理される必要があります。透明性と情報管理のバランスを取るために、何をどの程度共有するべきなのか迷うこともあるでしょう。以下にGitLabが取り組んでいる透明性に関するルールや考え方を説明します。この基本原則に則って、最大限の透明性を確保するように取り組んでいきましょう。

●デフォルトは公開設定

GitLabの場合、情報はすべてデフォルトで公開設定にされています。公開されない情報には、法務部がリスクが高いと判断して差し止めた場合を除いて、機密の認定がなされた記録と情報管理のガイドラインへのリンクが必須となっています。一般的に、指摘やリスクを避けるために情報は非公開にしたくなるものですが、非公開にするために手続きを必要とすることによって、欲求に抗って透明性を維持できるようにしています。もし、現在公開されているものが公開すべきではない（またはその逆）と考えるのであれば、他の人と協力してDRIと議論できるように変更を提案するマージリクエストを作成します。

●公開しない情報も存在する

プライバシー情報や契約上の責任がある顧客情報、（GitLabは上場企業であるため）業績予測につながる可能性がある情報などは、アクセスが制限されるように設定しています。明確な理由が

ないものは基本的にすべて公開し、透明性を優先する中で問題が生じた場合、制限をかけてドキュメントに追加することで対応します。唯一の例外として、法律に抵触する可能性があるものについては法律を遵守します。デフォルトで公開されないものに関しては、GitLabの場合はハンドブックのコミュニケーションのページに一覧として掲載しています。

●本音で話す

お互いに腹の底までオープンにします。本音を言わないことは、余計な臆測を呼んだり、伝えなければならないことを表に出さないことにつながります。お互いに率直さと思いやりをあわせ持つことで、本音で話せるようにします。

●考えが変わったらはっきり言う

自分の考えを述べた後に、その方向性を変える場合にははっきりと周囲に伝えてください。新たなデータから示唆を得た結果、自分の考え方が変わることはまったく問題ありません。以前のスタンスが現在のスタンスでないことを明確に示すことで、他の人たちが困惑することを避け、その姿を見ることでデータに基づいた意思決定をしようと考える人が増えるでしょう。

●建設的に問題を表面化する

何が起きたのか、どのように修正したのか、必要があれば今後のミスを防ぐために、どのようにプロセスを変更したのかを、関係者、チーム、CEOに積極的に知らせてください。

●透明性はコストがかかってもやり続けることで最も価値を発揮する

　事実を隠すほうが簡単な場合でも透明性を実践します。たとえば、GitLabでは採用プロセスで不採用になった人に対して詳細な不採用理由を伝えています。不採用理由を伝えることは法的な問題に発展するリスクもありますが、明瞭な理由を伝えることによって候補者に成長の機会を提供できます。それ以外にも、セキュリティインシデントや発生したトラブルの対応状況をライブストリーミングで公開することによって、ユーザーにとっての問題を隠蔽しない透明性のある会社であると認知され、信頼を獲得することにもつながっています。

●信頼できる唯一の情報源

　GitLabではハンドブックを唯一の情報源として統一することで、最新の情報を不整合なく効率的に活用できるようにしています。ドキュメントが分散しているとどちらが正しい情報かわからなくなり、検索にも手間がかかってしまいます。情報源は1カ所に集約しましょう。

●見つけやすさ

　情報を活用してパフォーマンスにつなげるためには、アクセスできるだけでなく、関連している情報と適切につながっていたり、情報を必要としている人が見つけやすくすることも重要です。情報があるだけでなく、関連情報にリンクを張ることで正しく情報が流通するようにしましょう。

●結論だけでなく理由も説明する

　変更を行う際には結論だけではなく、変更の理由を明瞭に記録

します。それによって、後から変更の理由を知りたい人が現れた際には質問する必要がなくなり、組織のナレッジの蓄積としても役立ちます。変更の理由が書かれていない場合、推測によって動く必要が出てくるため、混乱や非効率につながってしまいます。

変更の記録を残す際には、「業界標準のために」や「ベストプラクティスのために」といった曖昧で不明瞭な単語は用いないようにします。これらの言葉はコンテクストを提供しないため無意味です。同様に、「効率性のために」や「イテレーションのために」といったValueを記載する場合も曖昧であるため、Valueに紐付く具体的な行動原理を記載するか、より詳細な背景を共有するようにします。コンテクストが十分でないドキュメントに出会ったときには、DRIと協力してコンテクストを追記しましょう。

●再現性を持たせる

関係者の誰が担当したとしても、同じ結論に至るような再現性のある業務の進め方やドキュメントを残します。要約を説明するだけでなく生データを添付したり、問題の分析結果と手順をドキュメント化したりするなど、他の人が見たときにどんな考え方をしたのか明瞭に伝わるようにしてください。

GitLabではどうやって
Valueを強化しているのか？

ここまでGitLabのValueとそれらを構成する基本原則について説明してきました。GitLab Valueの解像度が高まったことによってリモート組織を構成する上でのポイントが見え、GitLabが試行錯誤を続けてきた背景が感じられたと思います。リモート組

1. 昇進の基準として用いる、および発表時にそれを全社に伝える
2. 採用基準として用いる
3. オンボーディング中に強く説明する
4. 年次報酬を見直す際に使用する
5. 意思決定の際に活用する
6. 経営メンバーが模範となる振る舞いを体現する
7. すべてのメンバーにValueの振る舞いを求め続ける
8. 明瞭にするために更新を続け、最新の状態を保つ
9. 360度フィードバックで伝える
10. 公の場で褒めたたえる行動の基準として使う
11. ボーナスを決定する基準として活用する
12. オファーレターに記載する
13. パフォーマンス不足を定義する際の基準として活用する
14. 退職者への取り扱い方に活用する
15. 全社イベントでValueを基準とした表彰を行う
16.「CEOと行動を共にするプログラム」を通じて、あらゆる側面の透明性を提供し、コラボレーションを改善する
17. クルーシャル・カンバーセーションを行う際のポイントをValueに紐付ける
18. 使用するソフトウェアのデフォルト設定の基準として用いる
19. イテレーション機能など、GitLabの機能を使用して日常的に実感する
20. Valueのバーチャル背景をビデオ会議で使用する
21. 有志メンバーが作成するGitLabの歌で、歌詞にGitLab Valueがよく登場する
22. 経営メンバーのオフサイトでValueの講習を定期的に実施する

■ **GitLabがValueを根付かせるために行っている取り組み**

織におけるValueの価値がイメージできたところで、次はそれをどうやって組織に根付かせていくか見ていきましょう。

　さまざまな企業が独自のValueを掲げていますが、機能している企業とそうでない企業が存在します。Valueが組織内で機能す

るためには、ただ標榜すれば良いのではなく、**組織の中でValue**
が重要な扱いをなされていることを組織の構成員が実感できなく
てはなりません。GitLabの場合は、前ページに挙げたような手
法を用いることで、業務を通じてValueが尊重されている体験を
積み重ねています。

いくつか簡単に補足します。

まず、6番の「経営メンバーが模範となる」取り組みは、トッ
プや役職者がルールを守らない振る舞いをし始めると組織は腐敗
していき、その振る舞いを見ることで他のメンバーもValueを守
らなくなるため、経営メンバーが模範を示し続けていることは必
須といえるでしょう。

14番の「退職者への取り扱い方」に関しては、どんな退職者で
あったとしてもハンドブックに書かれている透明性のあるルール
で誠実に対応されることで、十分に尊重されたという気持ちを持
って退職できますし、会社を去る人間に対しても丁寧な対応がな
されている姿を見た従業員は、組織を離れる人間に対してさえ会
社が真摯にValueを遵守していると信頼を増すことにつながるで
しょう。

16番の「CEOと行動を共にするプログラム」とは、GitLabの
中で「CEO Shadow Program」と呼ばれている、プログラム期
間中にCEOが参加するすべての会議に同席できるプログラムです。
このプログラムはすべての従業員がエントリーでき、透明性に対
する会社の明確なスタンスとして受け止められます。

17番の「クルーシャル・カンバセーションを行う際のポイント
をValueに紐付ける」とは、クルーシャル・カンバセーション（耳
の痛いミスの指摘など、強い感情を伴う重要な対話）はお互いが
感情的になりやすく、話し合いがさまざまな方向性に発散してし

まうため、話し合いの土台としてValueを拠り所にするという意味です。共通見解としてValueを活用し、そこから議論を行うことで、どちらが正しいかではなく、Valueにとってどちらが望ましいのかという観点で議論を進めていけるようになります（クルーシャル・カンバセーションについては第11章で詳しく説明します）。

最後に、21番の「有志メンバーの歌にGitLab Valueが登場する」とは、GitLabではいくつかの趣味のコミュニティがあり、その中に音楽が好きなGitLabメンバーが集うコミュニティが存在しています。有志のメンバーがGitLabに関連する歌を作成することがあり、そうした中にもValueが登場するのです。これは少し他の取り組みとは毛色が違うかもしれませんが、皆さんの会社でも打ち上げの余興でValueをネタにしたり、同僚とジョークを言い合う中でValueを絡めたりするというニュアンスに似ているかもしれません。

このように、さまざまな場面で実際にValueが活用されており、同時に尊重されていると所属しているメンバーが日常的に感じることでValueは強化され、新しいメンバーも身に付けていけるようになります。ここで説明した以外の具体的な運用方法に関しても、以降のさまざまな章でも紹介しているので参考にしてください。

Valueが守られていない場合の対処法

Valueに限った話ではありませんが、標榜されているルールが実際の職場環境で遵守されていない場合、チームがそうした振る

舞いを目にすることで「ルールを守らなくても損をしない」ことを学習してしまいます。その結果、最終的には誰もルールを守らないカルチャーが醸成されてしまいます。また、たとえルールが守られていたとしても、個人のエゴを通すために組織のValueを悪用する人が存在することで、元来Valueに期待していたものとは異なる振る舞いが許容されてしまいます。たとえば、同僚とのコラボレーションを面倒だと感じ、それを避けるために一人でやる効率性を主張するといったことなどです。

Valueが実践されていない場合には、**率直な態度でいつ、どんなシーンでどのように守られておらず、それがどんな影響を及ぼしているのかといった具体例を伴ってフィードバックを行うこと**が重要です。その上で相手がどういう状況に置かれているのか事情を探ってみましょう。Valueの対立を乗り越えるためには、相手を責めるために正しさを主張するのではなく、まずは相手に対して前向きな意図を想定するところから始めます。

実際にValueの問題について話し合うときには、対話の土台としてハンドブックから関連するValueや基本原則へのリンクを参照しながら会話しましょう。たとえば、同僚の人間性に対して不満を漏らしているところを見かけたら、コラボレーションの「仕事を基準にして話す」というハンドブック項目へのリンクを送り、同僚の人格ではなく、どういった行動がどんな影響を及ぼしているのか、という方向に視点を持って行くようにアドバイスします。

Valueの解釈について曖昧な理解や見解の相違があった場合には、GitLabの場合であればSlackの「#valueチャンネル」でさまざまな視点が入る状態で質問するようにしています。2つのValueがぶつかっているときなどには、判断を下すことが難しい場合がありますが、どちらかが絶対的に正しいというケースはほ

とんどありません。オープンにお互いが感じていることを表に出して対話することが必要ですが、率直に意見を交わしても明確な結論が出ない場合もあります。そうした場合は、敬意を持って説明を尽くし、最終的にはDRIが決定を下したものに対してコミットすることで前進していくのがGitLabのやり方です。

しかし、こうした相互理解のために敬意を持って接したとしてもValueを守ってくれない人がいる場合にはどうするべきでしょうか。Valueを体現する意図があってもやり方がわからない場合には、こまめなフィードバックを行うことでトレーニングを提供していきます。実際にValueを体現できているGitLabのメンバーを具体例として挙げ、「あの人はこのように立ち回っているから成功している」と解像度を上げながら動機づけます。専門家が提供するトレーニングを繰り返しても身に付かない場合やValueを守らないことを意図的に選んでいる場合には、人事考課などで公正かつ厳しくフィードバックを行い、それでも改善しないのであれば居場所がないことを明確に示さなくてはなりません。

ただし、改善を求める際に留意するべきことは、Valueの体現は基本原則に書かれている粒度、すなわちアクションや判断軸にまで具体化されている必要があります。解釈の余地がほとんどないほど明瞭にすることで、限りなく「やるか、やらないか」という水準に近づけられます。そこまで具体化した上でやらないのであれば、やる意志がないか、今後訓練をしてもできないとみなせるでしょう。

厳しい対処に関しては、組織の側が丁寧に説明責任を果たすことによって、残された従業員に対して恐怖ではなく誠実さを示せるようになります。Valueを浸透させるためには、**Valueが体現されるだけではなく、Valueが守られていないときにどのような**

対処がなされるのかという**視点**が重要です。このような難しいシーンの意思決定を従業員が経験することで、カルチャーは真実味を持って醸成されていくのです。

第6章

コミュニケーションのルール

ここまでの説明で世界最先端のリモート組織を実現するために
は、コラボレーションの土台として「ハンドブックファースト」
が重要であることはイメージできたかと思います。ハンドブック
に書かれたルールは解釈の余地が少なくなるように可能な限り言
語化が行われ、どんな文化に属する人が読んでも誤解が少ない文
章にする努力が必要です。しっかりとハンドブックを言語化した
としても、運用していくうちにより適したルールが必要になった
り、誤解や疑問が発生したりすることがあります。そうした際に
は、より良い表現に改善することで、さらに良いハンドブックへ
と育て上げていくことができるはずです。

　ハンドブックを運用していくために設置場所を決め、Valueな
どの原理原則となる土台を作成したら、次は**実際にそれを日常的
に活用していくためのルールを決めていきましょう**。私たちの仕
事の多くの部分は、他人とのコミュニケーションを前提としてい
ます。さらに、リモートワークによる非同期コミュニケーション
は多くの人にとってはまだまだ馴染みが薄く、リモート環境で円
滑なコミュニケーションを駆使できるようになるためにはある程
度の練習が必要です。しかし、コミュニケーションルールを整備
することで、非同期コミュニケーションの経験が少ない人であっ
ても比較的容易にコミュニケーションを取る足がかりが得られ、
短い時間でもキャッチアップできるようになります。

　本章では、GitLabが採用しているコミュニケーションに関する
ルールを解説します。ルールが何のためにどういった効果を狙っ
ているのか把握し、活用できるように目指していきましょう。使
えそうなルールがあれば、自分たちの組織に合った文言に修正し
て、ハンドブックに追加してみてはいかがでしょうか。

アンコンシャス・バイアスを制御する

　GitLab Valueのダイバーシティ＆インクルージョン、ビロンギングの基本原則に「**アンコンシャス・バイアス（無意識の思い込み）**」について言及がありました。コミュニケーションのルールを理解するにあたり、最も重要な前提知識がアンコンシャス・バイアスかもしれません。

　私たち人間は脳が無意識のうちにパターンを認識し、自動的に判断を下してしまうことがあります。たとえば、「受付・事務」と聞くと女性を思い浮かべてしまったり、「老人」はデジタル機器に疎いと感じたり、「定時に帰宅する社員」は頑張っていないのではと無意識に感じてしまうようなことです。

　コミュニケーションを取る上でアンコンシャス・バイアスをすべて排除することは難しいかもしれませんが、**自分たちがアンコンシャス・バイアスの影響を受けているという認識を持ちながらコミュニケーションを図ること**が重要です。

　アンコンシャス・バイアスを認識するために、いくつか代表的なバイアスを紹介します。

　まずは「帰属バイアス」です。これは、何か物事が発生した際に、その原因を無意識の思い込みによって判断してしまう傾向のことです。たとえば、自分が失敗したときには「他人や状況に原因があったので仕方なかったのだ」と感じ、逆に他人の失敗に対しては「本人に原因があったのだ」と無意識のうちに感じてしまうことです。失敗だけでなく、成功した場合にも同様の思い込みが発生し、自分の成功は「自分の努力のおかげだ」と感じ、他人の成功に対しては「運や状況のおかげだ」と感じてしまうのです。

こうした帰属バイアスの影響を無意識のうちに受けているという前提に立ち、自らの成功が自分だけの成果ではないことを認識し、同時に他人の失敗が当人の原因だけではないという認識を持ってコミュニケーションを取る必要があります。

　帰属バイアスの他には、「確証バイアス」という代表的なバイアスが存在します。これは自分の先入観を補強するために、自分の考え方に近い情報を無意識に選定して持論を強化し続けていく傾向のことです。相手を責めようとすると、責めるための材料ばかりに注目してしまったり、持論を強化する情報ばかり選択し、結論ありきで物事を判断しようとしてしまいます。確証バイアスを避けるためには、いったん結論は脇に置いておき、全体の情報を集めることや自分の考え方が先入観に影響を受けていないか確認することが有効でしょう。

　「ジェンダーバイアス」などの特定の属性を持った人に対して、同じ特徴を持っているという思い込みも存在します。女性はテクノロジーに弱いとか、特定の企業出身者は論理的思考ができないといった思い込みが、結論ありきのコミュニケーションになってしまい、確証バイアスと合わさって正しい判断ができないことにもつながってしまいます。

　この他にも私たち人間にはさまざまなバイアスが存在しており、無意識のうちにフィルターをかけて物事を判断しています。他人とのコミュニケーションを行う際には、このようなフィルターがかかっている可能性を考慮し、バイアスの影響を受けていないか自問できればインクルージョンの実現が達成しやすくなるでしょう。「前向きな意図を想定する」という基本方針が重要であるのはこうした理由があるからなのです。

コミュニケーションガイドラインを設定し、遵守する

　GitLabではコミュニケーションを円滑に進めるために、**よくある質問やテーマに対する回答をハンドブックにガイドラインとしてまとめています**。コミュニケーションに関する疑問やトラブルがあった際には、ハンドブックを検索すれば簡単に答えを見つけられます。これによって同じ質問が繰り返され、チームの時間を奪うことがなくなります。

　自分で答えを見つけられる状態をGitLabでは**セルフサービス**

1. 機密情報の取り扱い方
2. Eメール／Slack／Googleドキュメントを活用する
3. 会議での議事録の残し方
4. 全社アナウンスをする場合
5. 効果的な質問の方法
6. プレゼンテーションのルール
7. 感謝を伝える上で推奨されるやり方
8. 効果的な傾聴の方法
9. 社内の各種インフォーマルコミュニケーション施策の説明
10. テキストを書く際のガイドライン
11. 推奨されるシンプルな言い回しの例
12. 社内／社外ミーティングの設定方法ルール
13. ビデオ通話を用いる際のルール
14. ヘッドホンの効果的な活用
15. ハイブリッド通話の問題点と対策
16. 社外コミュニケーションのルール
17. ソーシャルメディアを活用する際のルール
18. ユーザーとのコミュニケーションガイドライン

■ **GitLab**が用意しているコミュニケーションガイドラインの例

と読んでいます。該当するガイドラインを整えることでセルフサービスを機能させるための受け皿を用意していきましょう。

　GitLabでは、前ページに挙げたようなガイドラインを作成しています。たとえば、1番の「機密情報の取り扱い方」では、どんな情報が機密情報に該当し、どんなリスクがあり、どのようなプロセスで機密情報として判断されるのか説明がなされています。機密情報を簡単に判断するためにGitLabではSAFEフレームワークというものを用いています。これについては次の項目で詳しく説明します。

　2番の「Eメール／Slack／Googleドキュメントを活用する」では、各種ツールの活用ルールが説明されています。Slackであれば、公開チャンネルを活用することやダイレクトメッセージを避けること、他人の時間を尊重して即時レスポンスを求めないことなどが書かれています。

　10番の「テキストを書く際のガイドライン」では、約30個の細かいルールが設定されています。標準テキストフォーマットを用いることや箇条書きをする際には番号付きリストを用いる、何かを説明する際には参照するURLを張り付ける、といったテキストコミュニケーションの基本的なルールが説明されています。

　このように機密情報の取り扱い方や社外コミュニケーション、SNSの活用、ユーザーとのコミュニケーションなどに関するガイドラインが詳細に用意され、必要な際にいつでも参照できることで従業員としても安心感が生まれ、組織としてもコミュニケーションによって生じるリスクを避けられるようになります。

　また、リモート特有の問題として、相手のインターネット環境や設備の関係でコミュニケーションが円滑に進まないことがあります。これは時間もかかりストレスも感じるなど非効率ですし、

質の高い議論を行う難易度が上がってしまいます。こうした事態を避けるために、オンライン会議に適した設備や避けるべき活用方法などが説明され、スムーズにオンラインでのコミュニケーションを行えるようにしています。

　これらのコミュニケーションルールもValueと同じように、ルール化した内容が実際に守られていないと徐々に機能しなくなってしまいます。定められたルールが守られていない場合には、ハンドブックのリンクを渡すなどしてきちんと遵守するようにフィードバックしていきましょう。

非公開情報の取り扱い方

　コミュニケーションにおいて透明性を保つためには、逆説的に**何を公開してはいけないのか定義すること**が重要です。非公開情報に当たるものがはっきりしていれば、それ以外を安心して公開することができます。

　GitLabでは非公開情報を簡単に判断するために「**SAFEフレームワーク**」というガイドを作成しています。SAFEフレームワークは、Sensitive（センシティブ）・Accurate（正確な情報）・Financial（財務情報）・Effect（影響）の頭文字を取ったもので、次ページの図のようなフローチャートを用いて確認できるようになっています。

　センシティブに該当するのは、GitLabの社内限定ハンドブックに記載されている内容やチームメンバーのパフォーマンス、在籍期間、顧客とパートナーの情報など、外部から一般的に入手できない情報が対象です。その他にも資本政策や大きな取引、セキ

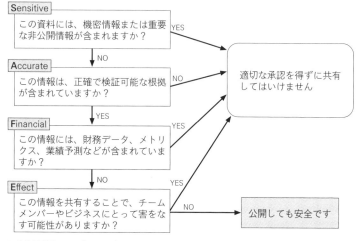

■SAFEフローチャート

ュリティといったチームや会社に被害を与えるようなものがセンシティブな情報として扱われます。

　正確な情報については、曖昧な情報や誤った情報を公開してしまうことで生じる混乱や信頼の喪失を避けるための基準として機能します。発信する情報の中に明確な根拠を示すことができる検証可能な参考文献が存在するかを確認します。また、会社の公式見解として発信するのであれば、自らがその情報を提供できるDRIであるか、もしくはDRIの承認を受けてから発信する必要があります。

　財務情報に関してはCFO（最高財務責任者）の承認を得ずに公開はできません。業績や公開していないメトリクス、業績の見通しや予測などが財務情報に該当します。

　影響とは、自分が発信する情報によってチームメンバーや会社にどのような影響を及ぼすのかを想定することです。情報が与え

るメリットとデメリットを比較し、情報がもともと意図していなかったメッセージを伝えることにならないか検討します。判断が付かない場合には、Slackのチャンネルで相談します。

このようにGitLabではあらかじめ判断できる基準を決めておくことで、所属するメンバーが迷うことなく情報発信を行うことができ、それによって透明性を保つことができます。

ローコンテクストコミュニケーションを極める

リモート環境で効率良く非同期業務を進めたり、多様な価値観が存在したりする中で円滑なコミュニケーションを取るために重要なポイントが「**ローコンテクストコミュニケーション**」です。「コンテクスト」とは、和訳すると文脈という意味を持ちます。日本語は文脈を察することによって意味を補うハイコンテクストな言語であるといわれており、空気を読むことが求められやすい言語です。それに対して、ローコンテクストコミュニケーションとは、相手に対して文脈や考え方を求めずに、言葉通りに解釈するコミュニケーションであり、英語やドイツ語が代表されます。

私たち人間は、テキストに関連した経験を通じて「文脈」を得ます。これをディスコース（言説）といいます。たとえば、ワンマン経営者のブラック企業に在籍していた人が「社長」というテキストから想起されるディスコースは、「独裁」「朝令暮改」「恐怖」などです。逆にホワイト企業で働いていた人が「社長」というテキストから想起するディスコースは、「人格者」「温和」「誠実」などである可能性があります。このように同じ「社長」というテキストであっても、そこから感じ取る意味はそれぞれの人々の経

験によって構成されるディスコースによって左右されます。

　ハイコンテクストなコミュニケーションは、同じディスコースを共有できている相手とのコミュニケーションを想定しているため、お互いが空気を読み合える前提に立っています。しかし、最先端のリモート企業では、異なるカルチャーで異なる人生を歩んだ、まったく違うディスコースを有する人たちがコミュニケーションを行う環境です。

　こうした環境では空気を読むのではなく、異なるディスコースを有する人たちの間において解釈の相違が生まれないローコンテクストのコミュニケーションが必要になるのは当然といえるでしょう。

　ローコンテクストのコミュニケーションを実現するためには、解釈性の少ない言葉を選び、文脈となる情報を十分に説明することによって、文化の違いがあっても解釈を合致させることを目指さなくてはなりません。つまり、ローコンテクストコミュニケーションとは**「配慮」が鍵である**と言い換えることもできます。まったく違う国で育った10歳の子供にも正確な意図が伝わるようなコミュニケーションをすることで、誰もがコラボレーションができるようになります。相手がこの文章を受け取ったときにどう感じるであろうかと想像し、理解できる文章や情報を用いることがローコンテクストコミュニケーションです。

　GitLabの場合はローコンテクストコミュニケーションを身に付けるために、テキストを通じて効果的にコミュニケーションするためのドキュメントを整備しています。ライティングのヒントを整備し、コミュニケーションの相手が「何も知らない」という前提に立ってコミュニケーションすることを推奨しています。テキストコミュニケーションをうまく活用するためにValueの基本

アメリカ　オランダ　　フィンランド　　　　スペイン イタリア　シンガポール　イラン　中国　日本

オーストラリア　　デンマーク ポーランド　　　ブラジル メキシコ フランス　　インド ケニア 韓国
　カナダ　ドイツ　イギリス　　　　アルゼンチン ロシア　　　　サウジ インド
　　　　　　　　　　　　　　　　　　　　　　　　　　　　　アラビア ネシア

◄───►
ローコンテクスト　　　　　　　　　　　　　　　　　　　　ハイコンテクスト

ローコンテクスト　　　　　　　　　**ハイコンテクスト**
・厳密、シンプル、明確　　　　　　　・繊細、含みがあり、多層的
・メッセージは額面通りに伝え、　　　・ほのめかすことが多く、行間で伝え、
　額面通りに受け取る　　　　　　　　　行間で受け取る
・メッセージの発信者の責任が重い　　・メッセージの受信者の責任が重い

出典：エリン・メイヤー『異文化理解力』（英治出版）を参考に筆者作成

■ 各国の言語とコンテクストの関係

原則と組み合わせて説明し、フィードバックを通じて訓練できる
ようにしています。
　ローコンテクストコミュニケーションを身に付けるために、
GitLabが実際にテキストコミュニケーションをうまく活用する
ためのヒントとして説明している内容を紹介していきます。

●**短い文章を用いる**
　短い文章を用いることで明瞭さが向上します。理想的には、一
文は15語未満を目指します。

●**意味の薄いフレーズを削る**
　たとえば、「due to the fact（このような事実によって）」とい
う表現を「because（なぜなら）」に変えます。

●**形容詞をデータに置き換える**
　「ほとんど」や「大多数」といった表現を、「全体の95%」など
具体的な数字に変更します。

●曖昧な言葉を削除する

「ほぼ」「おおむね」といった曖昧な言葉は論点がぶれるため用いません。

●「So What?」を確認する

文章に意味があり、読者にとって価値や学び、意味のある情報を提供できているか、またそれを得られるだけの十分な文脈を提供しているか確認します。

●副詞を避ける

副詞を見つけたら削除して、具体化しましょう。たとえば、「大量に増やす」を「サブスク会員を300人追加する」に変えます。

●客観性を持つ

主観的な文章には事実とデータが欠けているため、客観的な視点を加えます。たとえば、「この変更はうまくいっているように感じる」ではなく、「新しいアプローチは5％の増加につながった」という表現を用います。

●略語と専門用語を避ける

はじめて見た人が理解できない略語や専門用語は避けます。たとえば、「MR」ではなく「マージリクエスト」を用います。

●主語・動詞・目的語を明確にする

特に日本語では主語が曖昧になることが多いため、主語・動詞・目的語を明確にします。「誰」が、「何のため」に、「何をする」のかを省略せずに書くようにします。

●能動態を用いる

受動態を用いると主語が曖昧になり、文章も冗長化され、意図が伝わらない可能性が高くなります。受動態を能動態に書き換えて用います。

●大文字協調を用いない

大文字だけでのテキストコミュニケーションは、大声で叫んでいるような印象を与え、他人にプレッシャーを与えてしまいます。

非同期コミュニケーションに関する GitLabのやり方

最先端のリモート組織を実現するためには、効率的な業務と日常生活の柔軟性を両立させるための非同期業務フローを習得することが必要不可欠です。非同期と同期をうまく使い分け、円滑なコミュニケーションを行うためにGitLabが実践しているコアとなる動きを紹介します。

まず、GitLabにおけるテキストコミュニケーションはすべて**英語で統一**されています。これはメールやチャットは転送することがあるため、他の言語を用いることで不便さを増やさないためです。チャットの代わりにメールを利用する場合、チャットと同様の短いメッセージを送ることは問題ありません。また、他の人に依頼する際には、チャットで他の人の作業を中断させてしまわないために、マージリクエストやIssueを立てることで非同期でのコミュニケーションを優先するように推奨しています。

マージリクエストやIssueに関する議論は、他の業務よりも優先して処理します。やむを得ず緊急に返信が必要な場合は、

Slackにリンクを張って返信を求めることはできますが、相手がすぐに反応できないこともあることは留意しておくようにしましょう。また、カレンダーで宣言されている勤務時間外にメッセージが送られてきた場合には、応答する必要がないことを明言しています。

業務時間中に依頼を受けた際には、**その依頼をこなす場合にかかる日数のめどを伝えるか、即時に完了させます。**「やります」「タスクに加えます」といった納期が曖昧な回答をしないように注意します。どのくらいの期日が必要かを伝えることで、依頼者は別の方法を模索できるようになるかもしれません。相手が効率的に業務に取り組めるよう、選択肢を提供しましょう。

基本的には、非同期コミュニケーションで行えることはすべて非同期を優先しますが、どうしても煮詰まってしまった場合など、オンラインミーティングで相談するとすぐに解決できる場合もあるため、状況に応じてうまく活用するように推奨されています。

何か質問がある場合には、SlackのオープンチャンネルやIssueを活用して質問をします。ダイレクトメッセージや1 on 1で質問することは避けるようにします。また、議論するためにプライベートチャンネルを作成することも禁止です。こうしたやり方にする理由としては、オープンチャンネルを活用することで多くの人が質問に回答でき、同時に多くの人たちがその結果を知ることができるためです。好きなだけ他の人に質問することはできますが、まずはハンドブックを調べて、答えが見つからなかった場合にハンドブックのリンクも合わせて質問することが推奨されています。リンクを送る際には、ただリンクのURLを送るだけでなく、説明を加えるなど相手が簡単に状況を理解できるように配慮しましょう。

質問で得られた回答や新たにわかったこと、決めたルールなどがドキュメントになっていない場合には、**すぐにマージリクエストを出してハンドブックに追加します**。これによって、同じ質問が繰り返されることがなくなり、組織全体への貢献になります。GitLabにおいてドキュメント化を進めることは、助けてもらったことに対する最高の感謝を示す方法であるといわれています。

オンラインミーティングのガイドライン

　GitLabでは同じテーマに関して非同期コミュニケーションが三度往復するような場合には、**同期ミーティングに移行する**ように推奨されています。GitLabでは社外とのコミュニケーションやセキュリティなどの観点からZoomを用いており、Zoomプラグインを用いてGoogleカレンダーに連携させて活用しています。

　留意点としては、オンラインミーティングを実施する場合にはそれぞれ別々のPCとヘッドセットを用いる点です。1台のPCから複数人が接続することは、音声や表情がしっかりと確認できず、コミュニケーションの問題が発生するため避けてください。不要なノイズを出していることに気が付いていない人がいた場合には、ミュートを勧めましょう。

　また、GitLabではすべてのオンラインミーティングはYouTubeで録画して共有しています。ZoomにはYouTubeのライブストリーミングと連携させられる機能があり、会議後にストリーミングのリンクを議事録に張り付けることで、誰でも後から会議の内容を参照できます。録画と共有にYouTubeを用いているのは、Zoomはオンラインミーティングのツールであり、YouTubeは動

画を視聴するためのツールであるからです。Zoomの録画機能を用いてGoogleドライブに保存するよりも、YouTubeのほうが再生品質、字幕、サムネイル、特定再生時間帯へのリンク、コメント機能など動画を活用する上で優れている点が多く存在します。

　オンラインミーティングを行う場合には、可能な限り映像はオンにします。第5章で述べたように、GitLabの場合、参加者は会議中に会議以外の作業に集中していても問題ありません。もし、議論や質問に回答してほしいときには、必要に応じて声をかければ解決します。また、前述のように社内会議中はメンバーのペット、子供、パートナー、友人、家族が画面に映り込むことを推奨しています。もし可能であれば、その人たちからチームメンバーに手を振って母国語で「こんにちは」と言ってもらいましょう。これによって、チームメンバーの親密さが向上し、人間味のある思いやりが生まれるようになります。

　一方で、仕事をする上でオンラインミーティングには適していないシーンも存在しています。非同期コミュニケーションで対処すればタイムゾーンにかかわらずあらゆる人が議論に参加でき、テキストは後から検索することも容易になります。そのため、普段の業務スタイルの中では非同期コミュニケーションを前提とし、必要に応じてオンラインミーティングに誘導するプロセスを用意しましょう。非同期コミュニケーションからオンラインミーティングに誘導することは簡単ですが、オンラインミーティングを途中で打ち切って非同期コミュニケーションに誘導することは困難です。テーマや状況を見ながらトレードオフを意識してオンラインミーティングを活用しましょう。

同期ミーティングで非同期コミュニケーションを加速させる

信頼関係を構築して必要なコンテクストを迅速に共有する場合など、有用であることが明らかな場合には同期ミーティングを行うことも検討します。たとえば、外部との商談やチームに新しく加わったメンバーとのはじめてのミーティング、複雑な問題の初期対応、感情的にデリケートなテーマ、お祝い、定例の1on1などを同期で行うことは理にかなっています。

チームメンバーは勤務時間や物事に集中する時間をGoogleカレンダーに登録しておき、空いている時間に招待を送ります。招待はミーティング開始の少なくとも24時間前にメールで通知する必要があります。招待が送られたメンバーはなるべく早めにミーティングへの参加可否を伝えるようにしましょう。

すべての会議では**Googleドキュメントによるアジェンダが添付されている**必要があります。会議の主催者は、最初に1～2分間でポイントとコンテクストを要約して説明できますが、プレゼンテーションであってはいけません。プレゼンテーションを行いたい場合には、YouTubeで録画済みの動画を作成し、会議までに動画に目を通してもらえるように進めます。質問がある場合には、前もってアジェンダに質問を記載しておきます。

会議では相談ではなく、**具体的な内容に踏み込んだプロポーザル**を行うようにします。関連する情報はリンクを用意して、検索や質問の時間を浪費しないように注意しましょう。会議で話された内容は議事録として正確に記録を残し、会議の最後に重要なポイントや次のアクションが記録されているか主催者に確認を取ります。デリケートな話題については、不要な臆測やトラブルを避

けるために慎重にメモを取らなくてはなりません。このときには
SAFEフレームワークを用いるか、適切なチャンネルで相談しま
す。議事録を残したくない場合には、記録を止めるように求める
必要があります。

ドキュメンテーションの力を発揮させる

　GitLabは、ドキュメンテーションを徹底するために「かすれ
たインクは鮮明な記憶に勝る」という標語を掲げています。この
言葉は人間の記憶は曖昧であり、どれだけ明瞭に記憶していたと
しても記録のほうが信頼性が高く有用であるという意味を持って
います。さらに正確であるだけでなく、書かれたものはリンクを
送ることで誰にでも簡単に共有できる拡張性も有しています。質
問して尋ねることは簡単ですが、質問は相手の時間を奪ってしま
いますし、いつでも質問できるわけではありません。
　効率的な非同期業務フローを実現するためには、あらゆる情報
を徹底的にドキュメント化し、リンクを共有することでコミュニ
ケーションを行うようにする必要があります。新しい情報をド
キュメント化し、蓄積していくことによって、いつ、どこから、誰
でも効率的に問題解決ができるようになります。
　また、ハンドブックファーストを機能させるためには、ハンド
ブックが「信頼できる唯一の情報源（SSoT）」である必要があり
ます。SSoTは情報システムの設計における概念として生まれ、
データソースを1カ所に集約することで、全員が同じデータに基
づいて意思決定を行えるようにすることを目指したものです。
SSoTによって、古い情報や誤った情報による意見の相違が生ま

れることがなく、必要な情報を探したいときにも1カ所だけを探せば見つかることになります。

　それに加えて注意すべきポイントとして、**不文律をつくらないこと**も重要です。つまり、ドキュメント化されていない暗黙のルールが許されてしまうと、政治や権力によって恣意的に物事を決定できてしまいます。文書化されていないプロセスがあればハンドブックに記載し、そのルールが守られていなければリンクを送って遵守するように厳しく求めなくてはなりません。

第**7**章

リモート組織における
オンボーディングの重要性

最近は新入社員に対して「**オンボーディング**」を実施する企業が増えてきました。オンボーディングとは新入社員を受け入れ、定着・戦力化させるための各種プログラムのことを意味しています。

　中途入社の社員に対して即戦力なのだからサポートしなくて良いという考え方は間違っており、即戦力であるからこそ関係性の構築やパフォーマンスを上げるためのサポートが必要であるのが昨今の常識になっています。

　2020年に行われたエン・ジャパンと甲南大学の共同研究[1]によると、オンボーディングに力を入れている企業ほど新入社員の「定着率・パフォーマンス」が高く、入社後の活躍と早期離職を防ぐ効果が確認できています。せっかく苦労して新入社員を採用できたのに、入社後うまく活躍ができず、早期の退職になってしまってはあらゆる人にとって不幸です。人材が企業の競争力を左右し、優秀な人材の採用が困難になってきている状況であるからこそ、オンボーディングによる定着化・パフォーマンス向上は存在感を増してきています。

　また、オフィスで直接同僚と顔を合わせるわけではないリモート組織だからこそ、安心してパフォーマンスが発揮でき、チームに受け入れられることで孤独感を覚えずに済むという非常に重要な役割をオンボーディングは担っています。

　GitLabでは入社前から入社後4週間にわたる具体的な行動スケジュールをオンボーディングプロセスとしてテンプレート化しており、迷うことなく取り組めるようになっています。さらに各種レッスンを完了してテストに合格することで、修了認定を受けられます。これによって正しく理解している情報の進捗を管理でき、漏れなく知識を身に付けられるでしょう。

Ta-New-Kiウェルカムコール

　GitLabでは、入社予定者に対して「**Ta-New-Kiウェルカムコール**」という名称の、オンラインミーティングでチームメンバーと出会う機会を用意しています。これによって入社する前からチームと交流する機会を提供し、入社予定者のさまざまな疑問に回答することで安心して入社できるようにしています。このユニークな名称はGitLabのロゴがタヌキであることと新入社員をかけて名付けられています。このウェルカムコールはタイムゾーンが異なるメンバーを想定して、入社までに時間をずらして二度行っています。

　ウェルカムコールのアジェンダは、入社初日のオンボーディングプロセスの確認から始まり、チームメンバーとの自己紹介や交流を行っていきます。新入社員には自ら検索し、学習を行う姿勢が求められることを説明し、それを実行する方法などをレクチャーします。最後に新入社員からの疑問や不安などさまざまな質問に対して真摯に回答していく流れです。

　このようなプロセスを通じて入社前から関係性を構築し、困ったときには気軽に助けを求めてもらえるように歓迎の雰囲気をしっかりと伝えていきます。略語のリストや備品購入のフロー、Q&Aなどが書かれたTa-New-Kiのためのガイドもリンクを共有し、スムーズなオンボーディングへとつなげていきましょう。

オンボーディングバディの重要性

　新入社員が入社するチームのマネージャーは、**オンボーディングのバディ**（相棒）を任命します。新入社員は大きな期待と不安を抱きながら入社してきます。GitLabはオールリモートの組織であるため、そうした環境に慣れていない人にとっては馴染むためのハードルが高いかもしれません。バディは新入社員が組織に馴染むためのプロセスをポジティブな体験にするために重要な役割を担っています。

　まずバディは、新入社員と他のチームメンバーによるコーヒーを飲みながら雑談するような1on1をスケジュールして、チームメンバーと一緒に歓迎のムードを醸成していきます。可能であればバディとの1on1を入社初日の終業時間に近い時間に設定すると、新入社員がはじめてのオンボーディングを経験する中で抱いた疑問に回答でき、その不安を和らげてあげることもできるでしょう。

　バディは新入社員のオンボーディングプロセスの進捗状況を常に確認しておき、悩んでいるように見えたり、うまくいっていない場合には新入社員へのアドバイスや周囲に働きかけてサポートを行います。ハンドブックのよく使うページを教えてあげたり、Slackチャンネルでの自己紹介を促したりすることでチームに馴染めるように支援を行います。もし、新入社員が専門的な知識を必要とする場面で困っていたり助けが必要だったりする場合には、社内の専門家を紹介して質問に答えてもらえるように働きかけることも重要です。

　多くの場合、新入社員にとってバディが最初の信頼できるチー

ムメイトになります。そのため、バディは最初の1週間の中で最低2回はざっくばらんに話をする機会を設けましょう。1カ月程度は定期的にそうした機会を設けることで些細な変化もキャッチアップできる体制を整えながら、それ以降はどのくらいの頻度で状況の確認をしていけば良いかを新入社員の希望を聞きながら調整していくと良いでしょう。

オンボーディング期間の目安とフィードバック

　新入社員は新しい環境でなるべく早く活躍して認められたいと思うものですが、入社後すぐに活躍することは簡単な話ではありません。Googleの元人事トップであるラズロ・ボックは『ワーク・ルールズ』（東洋経済新報社）の中で、Googleの新入社員（ヌーグラー）が一般的な社員と同じパフォーマンスを発揮できるようになるまで、約9カ月の期間がかかると説明しています。特にソフトウェア開発企業などで顕著ですが、成果を出すためには特定の専門知識や技能だけで完結する個人作業は少なく、チームとのコラボレーションやドメイン知識を得る必要などがあるためです。

　また、元ハーバード教育学大学院教授のカート・フィッシャーはダイナミック・スキル理論の中で、目標に対して独力で成果を出せるパフォーマンスレベルを「機能（functional）レベル」、他者や環境の協力があった上で発揮できる最も高度なパフォーマンスレベルを「最適化（optimal）レベル」として分類しました。次ページの図のように、年齢を経て高度なスキルレベルの発揮が求められるほど、パフォーマンスを発揮するために周囲からの支援が重要になってくることがわかります。

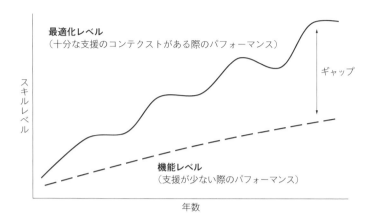

出典：カート・W・フィッシャー「Dynamic cycles of cognitive and brain development: Measuring growth in mind, brain, and education」をもとに筆者作成

■ 機能レベルと最適化レベルの年齢によるギャップの拡大

　ハイパフォーマンスが求められたり、多くの関係者を巻き込んだりするような影響力の高い役割ほど**周囲のサポートなしにパフォーマンスを発揮するのは困難**です。即戦力採用を行っている企業では、採用した中途社員を重要なポジションにアサインすることがあります。そうした企業では、お手並み拝見とばかりに独力で活動することを期待する様子が見られることがありますが、重要なポジションであるからこそパフォーマンスを発揮させるためには周囲の支援が必要なのです。

　また、先のラズロの調査では、次ページの図にあるようにパフォーマンスと期待に対してこまめなフィードバックを求めていたGoogle社員ほどパフォーマンスの向上が早く、早期に戦力化したことがわかっています。こうした事実を新入社員に対して伝え、フィードバックを求めるように促しながら、バディやマネージャ

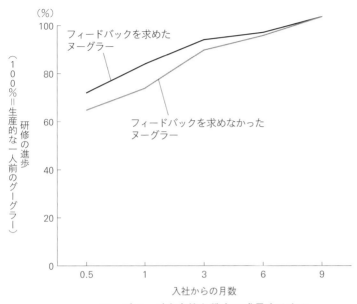

ヌーグラーが生産的な戦力に成長するまで

出典：ラズロ・ボック『ワーク・ルールズ』（東洋経済新報社）

■ フィードバックと戦力化の関係

ーは期待やパフォーマンス、支援を週次単位でこまめにフィード
バックすることで新入社員の早期戦力化と会社内での成功を実現
できるでしょう。

GitLabが実施している
入社後のオンボーディングの流れ

　ここまでオンボーディングの重要性やOJTという名目でとにか
く慣れろというだけでは新入社員の戦力化に対して十分ではない

ことを説明してきました。これによって、オンボーディングが重要だと感じた方もいらっしゃるかもしれません。しかし、いざオンボーディングを整備しようと思っても、どこから手を付けるべきか迷うこともあると思います。

　参考までにGitLabが実際に新入社員のオンボーディングをどのようなスケジュールで実施しているかを紹介します。GitLabのやり方を模倣してオンボーディングプログラムを整えたり、各社の状況に合った創意工夫を行ったりして新入社員が活躍できる状況を整えていきましょう。

1日目：アカウント発行と作業環境の構築

　初日は作業環境の準備を行うことになります。Slackや人事システム、Zoomなど各種アカウントの作成、二段階認証の設定、パスワード管理サービスの導入などを行います。Slackのプロフィールを設定したり、Googleカレンダーの基本設定などを行ったりして、基本的な作業環境を整えます。

2日目：リモートワークのベースとGitLab Valueの確認

　2日目はリモートワークに関するハンドブックガイドを読み、オールリモートとコミュニケーションの基本的なルールをインプットします。新入社員が実際に仕事をする物理的な作業環境を整えるために備品や各種準備を行います。GitLab Valueについて学習を行い、試験に合格すると認定を受けられます。

3日目：セキュリティ設定とコンプライアンスの確認

　3日目はセキュリティ設定や法令順守ポリシー、コンプライアンスポリシーの確認などを行います。

4日目：コミュニティと福利厚生の確認

4日目は組織図を確認し、チームメンバーを確認します。さまざまなチームのメンバーとコーヒーチャットをスケジュールします。GitLabのプロフィールを更新し、各種SNSとの連携を検討します。社内限定の動画を視聴するためにYouTubeの招待を受けます。各種福利厚生と休暇のルールを確認します。メンタルヘルスの基本的な知識の学習を行います。報酬、給与、経費に関するルールを学びます。

5日目：Gitの使い方

5日目はGitとGitLabの基本的な使い方に慣れます。チームのページに自分のプロフィールを追加することで実際の経験を通じて操作に慣れていきます。

それ以降

ハンドブックを読み解きながらGitLabに慣れていきます。能力開発やOKR、GitLabのプロダクト情報などを学んでいきます。オンボーディングを行って、最初の1カ月を過ごしたのちにオンボーディング満足度調査に回答し、より良いオンボーディングに改善するための機会を提供します。

第8章

心理的安全性の醸成

心理的安全性（Psychological Safety）とはエイミー・エドモンドソンが定義した「チームの他のメンバーが自分の発言を拒絶したり、罰したりしないと確信できる状態」を指しています。Googleがパフォーマンスの高いチームを分析した結果、パフォーマンスの高いチームには心理的安全性が高いという共通点が見つかった研究が有名です。

　Googleが組織づくりのヒントを公開している「re:Work」というWebサイトによると、下図のようにチームの効果性に影響する因子の中で最も重要なものが心理的安全性であると説明されています。

　Googleの調査によると、心理的安全性の高いメンバーは離職

出典：「Google re:Work」
URL：https://rework.withgoogle.com/jp/guides/understanding-team-effectiveness
　　　/#identify-dynamics-of-effective-teams

■ チームの効果性に影響する因子

率が低く、他のチームメンバーとコラボレーションができ、マネージャーから見ても効率良く働いていると評価されることがわかっています。GitLabでは、**効率の良いコラボレーションを実現するために心理的安全性の醸成にこだわって取り組んでいます。**

よく誤解されますが、心理的安全性は「生ぬるさ」を指しているわけではありません。どんな発言や行動をしても「無知・無能・邪魔者・ネガティブ」だと扱われないと信じられるだけであり、高い成果に対する責任は求められることになります。心理的安全性が高い状態とレベルの高い仕事を追求する責任は両立しますし、そうあるべきです。エドモンドソンによると、心理的安全性と高い目標に対する説明責任は下図のように表されます。どちらも高い状態は学習ゾーン（Learning Zone）と呼ばれ、高い成果を出すためにチームは新たなアイデアや挑戦に率先して向き合い、チームのパフォーマンスが最も高くなります。

GitLabのような完全なリモート組織で**心理的安全性をどのように構築していくのか**をこの章では見ていきます。

出典：エイミー・C・エドモンドソン「The Competitive Imperative of Learning」をもとに筆者作成

■ 心理的安全性と高い目標に対する説明責任の関係

心理的安全性を生み出す7つの方法

　心理的安全性と高い目標に対する説明責任を両立させることで、目標に向かって自律的なチャレンジが生まれ、高いパフォーマンスにつながることは感覚的にもイメージしやすいと思います。それでは、どうやって心理的安全性をつくり出していけばいいのでしょうか。

　心理的安全性を本質的に醸成するためには、**チームのメンバーが組織に属しながらどんな発言や行動を取ったとしても「無知・無能・邪魔者・ネガティブ」と扱われないという**体験を実際に経験し、確信を持てるようになる必要があります。その状況をつくるために、GitLabでは、次の7つの方法を用いて心理的安全性の構築を促進しています。

①黄金律を破る

　欧米では、「自分がしてほしい行為を、他人に対して実施せよ」という行動規範を黄金律と呼んでいます。心理的安全性を構築するためには、黄金律ではなく「他人がしてほしいと思う行為を、他人に対してせよ」という観点が重要です。自分の主観ではなく他人に対して理解を深め、何を望んでいるのかを想像することが必要なのです。

②好奇心を歓迎する

　好奇心を育むことでより創造的になり、新しい発見や変化に対応できるようになります。好奇心を刺激するような行動を取っているメンバーを見かけたら褒めたたえ、自分自身も好奇心を持つ

て過ごすようにしましょう。

③健全なコンフリクトを促進する

心理的安全性は自分に危険が及ばない感覚であると説明しましたが、コンフリクト（衝突）をしないという意味ではありません。むしろ、本来は必要なコンフリクトを行うために心理的安全性が必要になります。心理的安全性があれば、どちらが正しいかどうかは関係なくなり、チーム共通の目的のために何が妥当なのかを健全に考えられるようになります。議論が終われば、議論を戦わせていた2人も朗らかに肩を組むという「人」と「コト」を分けることが重要です。「人」と「コト」を分離して扱われている経験が、コンフリクトをしてもリスクがないと感じ、心理的安全性につながっていきます。

④従業員に発言権を与える

厳格すぎるルールはチームメンバーの自由な意見を封じ込めることがあります。意思決定者にチームメンバーからの声を自由に届けるチャネルを提供し、会話を推奨します。ボトムアップのコミュニケーションは組織が学び、成功するための重要なソースとなる可能性があります。リーダーがチームメンバーの声を本気で求める姿勢によって、メンバーは意見を述べることに挑戦し、問題や改善の機会を特定し、組織を成長させるためのアイデアを提供できます。

⑤信頼を獲得し、拡大する

エドモンドソンの研究では、心理的安全性は信頼によって構築されるとされています。Googleの調査でも完璧なチームには信

頼が不可欠であることがわかっています。チームの中でお互いに信頼の重要性を理解し、それを尊重しながら維持し、他の人たちに模範を示していかなければなりません。

⑥効率だけでなく有効性を促進する

リーダーはチームメンバーを、効率性を追求する歯車のように扱うのではなく、安全な環境の中に置かれている有能な一員として扱わなくてはなりません。安心感を抱いているメンバーは、多くの時間とエネルギーを社内政治や言い訳に使うことなく、より組織に貢献するために集中させられるようになります。

⑦創造性について別の考え方をする

創造性というと一部の天才的なひらめきがすべてを切り拓くような印象がありますが、違った視点からの創造性に対するアプローチが心理的安全性には必要です。たとえば、『トイ・ストーリー』などで知られるアニメーションスタジオのピクサーは未完成の作品を安心して共有し、チームで刺激を与え合い、さらに発展させることで創造性を発揮させてきました。完全主義を捨てて、1つのアイデアに固執せず、より良いものをみんなの力で目指すことで信頼と開放性を手にすることができます。

同意しない、コミットする、同意しない

GitLab Valueのひとつ「成果（Results）」の具体的な行動として説明されている「同意しない、コミットする、同意しない」という言葉は、日本では馴染みが薄くイメージしづらいかもしれま

せん。しかし、この概念は心理的安全性を生み出す上で重要であるため、正しく理解して同時に組織内で浸透させていく必要があります。

Googleのエンジニアが効果的なチームのつくりかたを書いた「Team Geek」の中で、「（プログラミングの）コードを批判されても、君自身を批判しているわけではない」という言葉が出てきます。自分の意見や成果物が批判されると、自分の人格まで批判されたような気持ちになってしまうのは理解できます。上司部下の関係はさらに複雑かもしれません。上司の意見に対して部下が批判をすると、たとえ部下の指摘が正しくても上司の恨みを買ってしまう可能性があります。

このように「意見や成果物」が「人格」と重なってしまっている環境の中では、正しい意思決定は実現できません。**意見や成果物は客観的な視点で公正に判断されるべきであり、それは個人の人格とは別の次元で議論しなくてはならないのです。**

GitLabでは正しい意思決定をするために、忌憚なく客観的に議論が交わされ、意見が出そろった後には意見が割れている状態であったとしてもDRIが結論を出します。たとえ反対意見を持っている人であっても、決定事項であれば実行され、検証されるまではコミットして全力で協力しなくてはなりません。検証で明らかになったことこそが正しい事実であるため、もし間違っていたならば次は違うやり方を試せばいいのです。ここに人の優劣や恨みなどといった感情は入りません。議論するときには徹底的に建設的な対話が交わされ、結論が出たらどんなに紛糾した議論であっても気軽に趣味の話でもしながら笑い合うのです。

GitLabでDRIを採用しているのは、この意思決定者をはっきりさせるためです。もし、DRIが妥当ではない意思決定を続けてい

るのであれば改善を求め、それでも変わらなければDRIを交代することで解決を図ります。

　こうしたコミュニケーションが当たり前に行われることによって、気兼ねなく意見を言うことができ、不安を感じることなく議論を戦わせることができます。

前向きな意図を想定する

　GitLab Valueにおけるコラボレーションの具体的な行動として説明した「前向きな意図を想定する」という指針も、心理的安全性を構築する上で重要な役割を担います。

　アンコンシャス・バイアスの項目で説明した通り、人間の脳は無意識にバイアスをかけてしまいます。自分の失敗は自分以外に原因があるように感じてしまい、他人の失敗は当人に原因があるように感じるのは脳の自然な反応です。この傾向を意識せずにいると、他人が何か失敗をしたり、問題が対応されていない様子を見かけたりすると、つい非難をしたり原因を追及したくなってしまうのです。

　このように、相手に原因のすべてがあると決めてかかり、責めるようなコミュニケーションが行われる環境では心理的安全性を構築することはできません。こうしたバイアスを避けるために「**前向きな意図を想定する**」ことが必要になるのです。公正に物事を判断するためには、まず「相手がベストを尽くしていた」という前提に立つことから会話を始めます。相手と同じ目線に立った上で原因や対策を議論していくことで、相手は責められていると感じづらくなり、建設的な議論を進められるようになります。

自分の状況が正しく理解されていると認識できれば、原因が自分にあったとしても非を認めやすくなりますし、その失敗を挽回するために前向きに工夫してくれるようになるでしょう。

　こうした対応をせずにただ相手を責めてしまうと、ミスがあっても隠そうとしたり、顔色を窺うために本質的ではない改善策につながってしまうことがあります。それが結果的に大きな問題につながったり、より向上するための学習機会を失ったりすることになってしまいます。

　不確実な状況においては、ミスやうまくいかない原因を正確に発見し、学習し、対策を打つことで前進させていく必要があります。チームが「前向きな意図を想定してくれる」という確信は、こうした学習の機会を最大化させてくれるでしょう。

心理的安全性を維持しながら
フィードバックする方法

　人間は多くの場合、周囲の反応を見て相対的に物事を判断します。プロダクトやサービスの仮説が正しいかどうかは実際にユーザーの反応を見て判断するしかないように、仕事のパフォーマンスも一緒に働いているチームメンバーからの反応で判断するしかありません。チームから与えられたフィードバックが承認や称賛といったポジティブなフィードバックであれば何の問題もありません。しかし、改善を求められたりするようなフィードバックは誰であっても気分は良くありませんし、人によっては眠れなくなってしまうほど苦しんでしまうことがあります。

　これは先に説明した通り、人間はネガティブな感情に対して、ポジティブな感情の6倍強く反応してしまうという人間としての

特性が関係しています。パフォーマンスを改善するためにはネガティブなフィードバックに向き合わざるを得ないのにそれを受けることで傷ついてしまうという相反するテーマにおいて、メリットを最大化し、デメリットを最小化するためにはフィードバックの手法を工夫する必要があります。

　GitLabでは、フィードバックを効果的に伝えるためにフィードバックを送る側がいくつか工夫を行っています。大前提として必要なことは、**ネガティブなフィードバックを送る前に日常的にポジティブなフィードバックや人間味のあるコミュニケーションを行って良い関係性を構築しておくこと**です。日頃から自分の仕事ぶりをよく見てくれている、信頼できる相手からのフィードバックであれば、たとえネガティブな内容であっても素直に受け止められる可能性が高まります。もちろんフィードバックを送る側・受け取る側の双方が前向きな意図を想定することも忘れずにしましょう。

　次にフィードバックをする際には「**SBIモデル**」を活用するようにします。SBIモデルとは状況（Situation）- 振る舞い（Behavior）- 影響（Impact）を組み合わせて伝える方法です。たとえば、「今週月曜日の営業会議であなたがAさんの発言に対してリアクションするときに（S）、あなたは腕を組みながらみんなの前でAさんに対して"なぜこんなこともできないのか？"と発言しました（B）。失敗をみんなの前で責められると、他の人が問題を表明しづらくなってしまい、改善の機会やリスクに気付けなくなってしまうと感じた（I）」という形で活用します。

　状況（Situation）は、いつどんな場面で起きた行動なのか時間と場所を明確に特定することです。ここを曖昧にすると事実に基づくフィードバックではなく、一般的なフィードバックになっ

てしまいます。一般的なフィードバックは改善につながらず、指摘された側の納得感もないものになります。振る舞い（Behavior）は、実際に行動として何を行ったのかという具体的な事実です。「怖い」とか「イライラしていた」は具体的な事実ではありません。意見や判断が入らないように注意します。影響（Impact）では、それによってチームや他の人にとって、どんな経験や感情を抱く結果になったのかを説明します。影響に関して説明する際には、決めつけるのではなく「自分は感じた」「自分からは見えた」というように、個人としての見解を伝えます。

　これらのフィードバックを伝えた後、対応については本人にボールを委ねましょう。いずれにしても相手を責めるのではなく、**相手を良くしたいという心情を乗せてコミュニケーションすること**が重要です。このようにSBIモデルを用いることで、なるべく客観的な事実に基づいてフィードバックができるようになります。さらにSBIモデルはネガティブなフィードバックだけでなく、ポジティブなフィードバックをより効果的にするためにも活用できます。事実ベースで褒められたほうが実感を得てもらえますし、社交辞令ではない気持ちのこもったフィードバックであると感じてくれるはずです。

　最後に、**特にネガティブなフィードバックではドキュメントとして書き留めること**が重要です。フィードバックをする側と受け取る側どちらもアクセスできるドキュメントにテキストとして書き出し、事実をベースに議論していきます。改善することに合意できそうであれば、どんな行動を取るのかといった具体的な内容も言語化し、定期的に振り返って確認することで変化につなげやすくなるはずです。

　ここまで主にフィードバックを「送る」側の工夫について説明

してきましたが、フィードバックを効果的に機能させるためには
フィードバックを「受け取る」側にもトレーニングが必要になり
ます。たとえば、ネガティブなフィードバックを受けることは誰
にとってもつらいことですが、言う側も改善したいと考えてフィ
ードバックをしています。そのフィードバックに前向きな意図が
込められていることを忘れないようにすることが必要です。

　次に、自分の解釈と異なる見解や具体性に欠ける内容が説明さ
れた場合には敬意を持って質問をして、お互いの解釈の違いを明
らかにします。お互いの見解をしっかりと理解できたならば「頑
張って改善します」などの気持ちを示すのではなく、具体的な行
動として何をするのかをドキュメントに書き出します。フィード
バックを受け取る側は、自分の解釈や好き嫌いはいったん横に置
いておき、自分がより向上できるチャンスだと捉えて、具体的な
行動を実施します。最後に、フィードバックを送ってくれたこと
に対して、自分に対して関心を持ってくれたことや改善するため
のチャンスを与えてくれたことに対する感謝を示しましょう。

　フィードバックは健全な業務環境を整え、個人を成長させるた
めに必要不可欠な行動ですが、より効果的に機能させるためには
タイミングやシチュエーションを意識することが大切です。たと
えば、フィードバックのタイミングは、フィードバックすべき事
象が起きてから可能な限り短い期間に伝えなくてはなりません。
会社によっては3カ月に一度の評価タイミングでフィードバック
を行っているかもしれませんが、それでは遅すぎます。受け取る
側もそんなことがあったか記憶が曖昧ですし、即時に言ってもら
ったほうが改善の機会も早まります。シチュエーションとしては、
ポジティブなフィードバックはなるべく公の場で多くの人の目に
留まるように行い、ネガティブなフィードバックは1on1など

クローズな場で伝えましょう。

　こうした工夫を行うことで、心理的安全性を保ちながら効果的に機能させられるはずです。フィードバックは難易度が高く、避けてしまいがちな行動ですが、健全で効果的なチームをつくり上げていくにあたって避けることのできない、非常に重要な行動であることを意識しましょう。

心理的安全性を根付かせるために、ルールを厳しく遵守する

　心理的安全性を根付かせるためには、前向きな意図を想定するようなルールや施策を増やすだけではうまくいきません。心理的安全性を損なうような行為に対しての**罰則**も設ける必要があります。

　第5章で、カルチャーは「明文化された宣言」と「組織が歴史的に経験してきた暗黙の前提」によって醸成されると説明しました。つまり、ルールをつくったとしても、それが実際の職場で守られていなければ心理的安全性の高いカルチャーを醸成することはできません。それどころか「言っていること」と「やっていること」が違うことを容認する会社として、疑心暗鬼や信頼を欠くカルチャーを構築することになりかねません。

　相手を信頼して自らリスクを取ることによって、集団に対して大きな利益をもたらす振る舞いを「**正の互恵性**」といいます。互いにリスクを取って集団全体の利益を最大化するためには正の互恵性を促進するような取り組みが必要です。一方で、非協力的な人や違反者に対して罰を与えることで秩序を保とうとする「**負の互恵性**」という振る舞いがあります。それぞれに該当する行為は

> **正の互恵性に該当する行動**
> - もし恩を受けたら、お返しする
> - 以前親切にしてくれた人には、苦労をしてでも手助けする
> - 以前私を助けてくれた人のためであれば、個人的な金銭や労力を払っても助ける
>
> **負の互恵性に該当する行動**
> - ひどく不当な扱いを受けたなら、どんな犠牲を払ってでもすぐに復讐する
> - 誰かに苦境に追いやられたら、その人に同じことをやり返す
> - 誰かが私の気分を害するなら、私もやり返す

出典：Dohmen, Thomas, Armin Falk, David Huffman and Uwe Sunde "Homo Reciprocans: Survey Evidence on Behavioural Outcomes" より抜粋して筆者翻訳

■ 正の互恵性と負の互恵性

上のようにまとめられます。

　次ページの図はチューリッヒ大学のエルンスト・フェールらが行った、協力のしくみを調査するための経済ゲームの研究結果[1]です。同じ条件でグループA・グループBに分け、懲罰制度あり／なしの順番を入れ替えて検証しましたが、いずれの場合であっても「懲罰制度を設けた」ほうが協力関係を促す結果になりました。

　具体的には、ゲームの参加者4名に同じ金額の所持金が渡され、投資をすると自分と他の全員に合計で投資額を上回る金額が分配される（たとえば、100万円投資すると4人に40万円、合計160万円が分配される）ルールです。全員が協力して投資をすれば全員が発展できるという設計がされています。しかし、このルールでゲームを行うと、他のメンバーが投資をしている中で自分だけ投資をしない振る舞いが最もリターンが大きくなります。これによって経済学でいう「フリーライダー（ただ乗り）」が登場し、フ

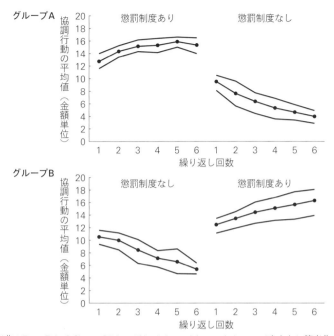

グループA

協調行動の平均値〈金額単位〉

懲罰制度あり　　　　懲罰制度なし

繰り返し回数

グループB

協調行動の平均値〈金額単位〉

懲罰制度なし　　　　懲罰制度あり

繰り返し回数

出典：Ernst Fehr & Simon Gächter "Altruistic punishment in humans"をもとに筆者作成

■ 懲罰制度の有無による協調行動の変化

リーライドの回数を重ねるごとに協力関係が失われていってしまいます。

　そこで、自分の所持金を100万円犠牲にすると特定の参加者の所持金を300万円減らせるという、他人に懲罰を与えられるルールを新たに設けます。そうすると、面白いことに平均的な投資額を下回るメンバーに対して、所持金を犠牲にしてでも懲罰が行われるようになりました。その結果、フリーライダーが減り、協力関係が向上することが研究でわかりました。

　このような自ら犠牲を払ってでも社会規範を破るような相手に

対して罰を与えるという負の互恵行動は「**利他的な罰**」と呼ばれています。

　こうしたフリーライダーの問題は心理的安全性の高い組織でも同じことが発生する可能性を示唆しています。たとえば、全員が互いに配慮して敬意を込めた振る舞いをしている中で、たった一人だけが他人の好意は遠慮なく利用するが、自分は協力せずに自分勝手に仕事を進めて利益を独占している姿が見られたら、あなたであればどう思うでしょうか。徐々に協力するのが馬鹿らしくなり、互いに尊重することをやめたり、組織への愛着を失ってしまったりするのではないでしょうか。

　こうしたことからもわかるように、組織がコラボレーションや心理的安全性を高めるためには、**定められたルールがしっかりと遵守されること**が重要です。それに加えて、フリーライダーが存在しているのであれば、しっかりと対処しなくてはなりません。

　もちろん、ただの過失である場合や知らなかった場合、または、育った国や社会常識の影響を強く受けてしまっている場合もあります。こうしたケースにまで最初から厳しく接していては逆に心理的安全性が下がってしまいます。多様な価値観や状況に置かれている人たちがスムーズにコラボレーションできるようにするために、細かく言語化された解釈する余地が少ないルールを明示し、ルールを遵守するように求めるところから始めなければなりません。

　多様性を尊重するのであれば、ルールはつくらないほうがいいのではないかという意見もあるかもしれません。しかし、Valueや業務ルールはあくまで「業務を進めるための基準」であるため、本人の価値観や性格、多様性とは無関係に守らなければならないものです。たとえば、ある経理担当者の性格が大雑把な人であっ

たとしても、経理の仕事はミスなく確実にこなさなくてはならないように、本人の性格や価値観にかかわらずルールを遵守することが重要なのです。

　違反が繰り返され、改善するように何度もフィードバックを行っても改善する気配が見られないときには、評価を下げるなどの罰則を与えなくてはなりません。ルールを遵守している他のチームメンバーを尊重するためにも、こうした罰則は経営陣や権力を持っている立場にいる人に対しては特に厳しく適用させるべきです。経営に近い人たちがしっかりとルールを守り、違反者に対して指摘することが従業員全体の信頼へとつながり、心理的安全性の高い組織を実現させていくでしょう。

第4部

GitLabが成果を出すために
実践している
人事制度や業務ルール

第4部ではGitLabの人事制度や業務ルール、人材マネジメントについて解説を行います。最先端のリモート組織ではどのような制度設計の思想に基づいてパフォーマンスを上げることに向き合っているのかを読み解きます。

　はじめに、第9章ではGitLabがパフォーマンスをどのような存在であると捉えているのか、**パフォーマンスに対する考え方**から説明します。個人のパフォーマンスといっても意味が広いため、GitLabが人事制度や人材マネジメントを通じて、個人をどのような状態に導こうとしているのか、目指しているゴールを具体化していきます。

　第10章では、目標設定や評価制度、報酬への反映などに一貫している**人事制度全体の思想と制度の運用方法**について説明します。人事制度を把握することで各種制度がどのようなパフォーマンスを促すために設計されているのかその意図をつかみ、全体としてどのように統合させているのかを読み解きます。

　第11章では、**マネージャーの役割とマネジメント**について解説します。日本ではまだまだ個人のパフォーマンスに注目が向きがちですが、グローバル基準では組織のパフォーマンスはマネージャーとマネジメントで決まるといわれているくらい重要なポイントです。マネージャーが組織パフォーマンスを最大化させるために求められている責任や、どのようにしてメンバーをマネジメントしていくのか具体的な内容を説明します。

　第12章では、**コンディショニング**について説明します。コンディショニングとは、主にスポーツ選手が最高のパフォーマンスを引き出すために心身の状態を良好に高めていくことを意味しています。GitLabが個人のパフォーマンスを最大化させるために、心身を整える重要さをどのように捉えているのかを説明し、実現

するために取り組んでいる内容を解説します。

第13章では、**能力開発（Learning & Development：L&D）に
よってパフォーマンスとエンゲージメントをどのように向上させ
ているのか**について説明します。L&Dは日本企業に一番欠けて
いる観点かもしれません。GitLabが行っているL&Dは、研修を
用意するだけというような単純なものではなく、必要な能力を伸
ばすために専門的な知識のインプットと実践、振り返りを行いな
がら継続的に開発していく取り組みです。L&Dは従業員エンゲ
ージメントを高めるだけでなく、既存メンバーに、より重要な役
割を任せていくための組織戦略的なアプローチです。L&Dが整
備されていることで、属人化を排しつつ優秀な人材を組織に引き
留め、継続的なパフォーマンスを発揮してもらえるようになるの
です。

第3部までは、Valueやカルチャーに関する概念的な話が多か
ったと思います。第4部では、GitLabにおいて実務がどのよう
に運用されているのか見ていき、リモート組織の中でどのように
パフォーマンスの高い組織を実現していくべきかを理解していき
ましょう。

第 9 章

個人のパフォーマンスを
引き出す

本章では、**GitLabが個人のパフォーマンスに対してどのような思想を持っているのか**整理していきます。

　どんなに良い組織を構築したとしても、パフォーマンスが出なくては意味がありません。GitLabが最も重要なValueはResultsであるといっているように、組織づくりのあらゆる取り組みはパフォーマンスにつなげて考えるべきです。ダイバーシティ＆インクルージョンも優しさから取り組んでいるのではなく、パフォーマンスにつながるからこそ事業会社が取り組むべき価値があるのです。

　一言でパフォーマンスといっても、結果指標だけを重視するのか、プロセスも見るべきなのかと意見が分かれるかもしれません。GitLabが考えているパフォーマンスの定義に対する解像度を高めることで、人事制度やルールによってどのような部分に影響を与えようとしているのかイメージしやすくなるはずです。

　また、個人のパフォーマンスを引き出すためにGitLabがどうやって目標設定を行っており、個人が自律的にパフォーマンスを発揮できるようにエンパワーメントしているのかを読み解きます。

　さらに、個人のパフォーマンスに問題が生じる場合の対処やパフォーマンスを低下させないためのしくみ、組織にとって特に重要な個人パフォーマンスを発揮している人材をどのように扱っているのかといったパフォーマンスに関する見解も見ていきましょう。

GitLabが考える個人のパフォーマンス

GitLabにおいて個人のパフォーマンスは、「**成果**」と「**行動**」の2つの軸で考えられています。

GitLabのValueでもある成果（Results）は、過程の部分に注目するのではなく、実際にチームや顧客に対してどのような影響を与えたのかという表出した部分を重視すると説明してきました。個人のパフォーマンスでも、成果は与えられた役割に対する主に定量のアウトカム（業績や社会に与えた影響）を意味しています。売上、開発、チームへの貢献といったどのようなものであれ、どんなに小さくても**実際に外部に対してリリースを行い、フィードバックを受けて計測していること**が重要です。そして、計測するためには何を計測するのかが明確でなくてはならないため、**目標設定**が重要になります。組織における重要なフォーカスポイントに対して、自分がどの部分で貢献できるのかをマネージャーと話し合うことで目標を合意し、現状と目標の間に存在していたギャップをどれだけ埋められたのかを計測していきます。

行動に関しては、現在のグレードに応じたコンピテンシーを基準としています。業務を通じて、コンピテンシーをどれだけ発揮できているかという視点で行動面のパフォーマンスを計測しています。コンピテンシーに関してはGitLab Valueや職種、Job Gradeによって規定されています。成果を出したとしても、GitLabのValueや望ましいコンピテンシーを遵守していなかった場合には、パフォーマンスが低いとみなされてしまいます。次ページにGitLabのコンピテンシー表を掲載したので、参考にしてください。

■ Collaboration コンピテンシー

ジョブ グレード	実践されるコンピテンシー	認定試験
5	他のチームメンバーの振る舞いを参考に、コラボレーションスキルを身に付ける	個人貢献者としての理解度テスト
6	• さまざまなコミュニケーションを活用して、コラボレーションスキルを向上させる • Issue は適切に処理され、適切な Slack チャンネルで質問がなされ、正しいラベルを活用できている	
7	チームメンバーやグループ内の他のメンバーに対して、協力的な行動の模範を示す	
8	より効果的にコラボレーションできるようにチームメンバーを指導し、コラボレーションのための適切な手法を案内する	リーダーとしての理解度テスト
9	部門を越えて協力的な意思決定と問題解決を促進する	
10	部門、サイロ、部署の垣根を越えてチーム間のコラボレーションを促進する	
11	• ネットワークを構築し、パートナーシップを築き、部門を越えた行動を行い、境界を越えて協力し、幅広いステークホルダーと共通の土台を見いだすことができる • 人脈を活用し、社内のサポート基盤を構築・強化する	
12	• 日常業務におけるコラボレーションとチームワークを主導し、部門を越えた交流、情報共有、リアルタイムの意思決定の重要性を高める • 経営リーダー間の部門横断的なコラボレーションを促進する	
14	• 日常業務におけるコラボレーションとチームワークを司り、部門を越えた交流、情報共有、リアルタイムの意思決定の重要性を高める • 経営リーダーと GitLab の間の部門横断的なコラボレーションを促進する	

■ Results コンピテンシー

ジョブ グレード	実践されるコンピテンシー	認定試験
5	合意したアクションに責任を持ち、実行するために必要なスキルを身に付ける	個人貢献者としての理解度テスト
6	成果に責任を持ち、合意したアクションを実際に実行できている	
7	危機感を持ち続けながら、成果につなげる責任を果たすことで模範を示す	
8	作業時間ではなく成果にフォーカスを当てながらチームメンバーが協力し、イテレーションを通じて成果に向き合えるように指導する	リーダーとしての理解度テスト
9	個人のパフォーマンスに対して主体性を持って取り組むカルチャーを醸成する	
10	チームメンバー間の連携を図りながら、効率的な成果を出せるように推進する	
11	四半期ごとにOKRを策定し、1つまたは複数チームのパフォーマンスと成果を保証する	
12	コラボレーション、効率性、ダイバーシティ、イテレーション、透明性というGitLab Valueを継続的に浸透させながら、目指す成果の達成をリードする	
EVP/ CXO		

■ Efficiency コンピテンシー

ジョブ グレード	実践されるコンピテンシー	認定試験
5	• マネージャー・オブ・ワンであることを認識する：自分のタスクに責任を持ち、コミットメントを実現する • 1on1の場でプロセス改善のためのアイデアを持ち出す：質問して説明するよりも、自分のタイミングで文書を読むほうがはるかに効率的であるため、すべてをドキュメント化することを学ぶ	個人貢献者としての理解度テスト
6	• 効率化について理解を深め、チームに存在するプロセスの非効率性を表に出して行動している • 自分の役割をより効率的に果たすための方法を模索し、効率的に仕事をするための方法を他の人に指導し始める	

7	• チームにおける効率化を体現する模範として、利用可能なデータを活用し、複数の選択肢を比較しながら適切かつタイムリーな意思決定を行う • 組織と製品のイノベーションスピードを上げるために、退屈な解決策を活用する模範を示す	
8	• 自分のチームにおける非効率なプロセスを解消する責任を持ち、物事が円滑に進むようにチーム横断的な取り組みを実施する • チームメンバーが「まず自分で答えを探し、答えが見つからない場合や答えが明瞭でない場合には、恥ずかしがらずに人前で質問する」という行動をチーム内で実践できている状態を実現する	リーダーとしての理解度テスト
9	• グループでの非効率なプロセスを解消する責任を持ち、物事が円滑に進むよう、下位部門を横断して指導する • 他者の時間を尊重し、セルフサービスとセルフラーニングを促進するカルチャーを下位部門に醸成する	
10	• 部門レベルで質素倹約の枠組みを推進し、物事が円滑に進むように尽力する • 部門やチームに影響を与える複雑もしくはイレギュラーな問題を効率的に解決する • 効率性のValueを維持するために、上司や同僚に対しても責任を求める	
11	• 部門横断的に質素倹約のしくみと戦略を構築し、物事が円滑に進むように尽力する • 部門・部署・チームの非効率を改善するリーダーを育成する • 効率性のValueを維持するために上司に対しても責任を求める	
12	• 全社的に効率性をリードする • 会社全体の効率的な資源配分の決定を保証する • ビジネスをより効率的に進めるための会社の戦略や方針の改善を横断的にリードする • 効率性のValueを維持するために経営陣に対しても責任を求める	
EVP/CXO	• GitLabの効率化戦略を社内外に対して発信することを司る • 常に社内横断的に効率化を模索し、他の経営陣にも効率化を維持するよう責任を求める	

■ Diversity, Inclusion & Belonging コンピテンシー

ジョブ グレード	実践されるコンピテンシー	認定試験
5	• バイアスの影響について理解し、自分のバイアスについて深く学ぼうとする • 自分の行動に対して責任を持ち、謝罪し、失敗から学習する	個人貢献者としての理解度テスト
6	• バイアスの影響について理解を深め、チーム内でのインクルージョンとビロンギングを醸成する • 自分と同僚に対して、このValueを守る責任を求め、間違いがあれば親切に指摘する • 違いを尊重し合い、誰もが貢献できるようなインクルーシブなチーム環境を奨励する	
7	• チーム内でどのようなバイアスや排斥が起こり得るか積極的に意識し、チームメンバーが帰属意識や安心感を感じられるチーム環境になるよう貢献する • 顧客や他部門のメンバーとの交流において共感を示す	
8	• チーム内のバイアスを避けるためのしくみを導入する • チーム全体において、攻撃されることなく説明責任を果たせるようになっているか確認する • チームメンバーが安心してアイデアを共有できる環境をつくり、個々人の違いを歓迎する	リーダーとしての理解度テスト
9	• インクルーシブな環境を促進する方法を見つけ、アンコンシャス・バイアスを避けるしくみを精査する • チームや部門を越えて個々人の違いを尊重することを促進させる	
10	• 部署全体でダイバーシティ＆インクルージョン、ビロンギングを推進する • 上司や同僚にこのValueを遵守するように求める • D&I戦略の実行に積極的に関与し、周囲に参加を促す	
11	• ダイバーシティ＆インクルージョンのValueを部門全体に浸透させ、意思決定プロセスにおけるバイアスの影響を抑えるチャンスを発見する • フィードバックとデータを活用して改善策を立てる • 経営陣に対して、ダイバーシティ＆インクルージョンのValueを支えるための説明責任を負う	

12	• 全社でダイバーシティ＆インクルージョンのValueをリードし、意思決定プロセスにおけるバイアスの影響を抑えるチャンスを発見する • 信頼、心理的安全性、インクルージョンを高めるための活動を推し進める • このValueを維持するために経営陣に対しても責任を求める	
EVP/ CXO	• ダイバーシティ＆インクルージョン、ビロンギングのValueを会社の戦略に織り込むことを司る • 社内外のD&I活動を支持し、スポンサーになる • 全社的な会議でこのValueの重要性を訴える • リーダーや経営陣にこのValueを遵守するよう責任を求める • 全社的に信頼、心理的安全性、インクルージョンを高める方法を模索し続ける	

■ Iteration コンピテンシー

ジョブ グレード	実践されるコンピテンシー	認定試験
5	• 試行錯誤しながら自分の知識を深める • 質問するとき、沈黙や役に立たない、あるいは不完全な回答で満足せずに一次資料に当たる	個人貢献者としての理解度テスト
6	• 積極的にイテレーションの練習を行い、退屈なソリューションを提供できるチャンスを探す • チームの支援を受けて、短期的な利益と長期的な利益のバランスを取る • 完全でなくても次の修正で改善するつもりでリリースする • 積極的に質問を行い、同僚が学習に活かせそうな失敗があれば公開する	
7	• 短期的な利益と長期的な利益のバランスを独力で意思決定する • イテレーティブな手段でプロジェクトを実施できる機会を見つけ出す	
8	• 長期的な目標を反復して実施できる小さな実行可能なステップに変換することができる • 取り返しの付かない意思決定を見極め、防止する • 常に外部に対してリリースを続け、メンバーに対してより小さく分解できないかを問い続ける	リーダーとしての理解度テスト

9	• チームメンバーにイテレーションのValueを実践し、育成する • イテレーションと退屈なソリューションの提供という責任を果たすよう求める
10	イテレーションと退屈なソリューションの提供というValueを浸透させるための方法を積極的に模索する
11	• イテレーションのValueを部署や部門全体に浸透させる • 認知・分析能力を駆使して、戦略的リスクに関する予測不能な事態を想定し、関係者全員に利益をもたらすように調整する
12	• 部門や部門横断チーム全体でイテレーションのValueを発展させるための道を切り開く存在となる • Valueや戦略ビジョンに基づいて、確信を持ってチームを変革に導き、積極的にリスクを取る
EVP/ CXO	• GitLab全体でイテレーションのValueを司る • 変化やイノベーションに伴う不快感や不安感の影響を受けずにリードしていく

　このようにGitLabにおいて個人のパフォーマンスは「成果」と「行動」によって構成されており、これに「**成長力**」という未来に向けた行動を加えて評価制度やマネジメントが設計されています。また、組織づくりやさまざまな業務ルールに関しても、成果を出すためにはアウトカムへの距離を最短にする必要があるため、コンセンサスや長期の計画を避け、自らが意思決定できる状況をつくり上げることを目的としていたり、望ましい行動を促進したりするためにValueの浸透を徹底し、そうした行動を評価することでValueの強化と望ましい行動を促す良いサイクルをつくり上げています。このように組織のしくみとカルチャーがパフォーマンスを発揮させるために一貫してつながっていることによって個人のパフォーマンスを最大化させようと取り組んでいます。

OKRとノーススターKPIを設定する

　OKRとは元インテルCEOのアンディ・グローブが考案した目標管理ツールです。インスピレーションを促し、チームを鼓舞するようなObjective（目的）と野心的なKey Results（主要な成果）によって構成されており、GitLabの場合は四半期ごとにOKRが設定されています。OKRを定めることで、**組織として何を達成することが重要であるかを明確にすることで投下するリソースを集中させ、ストレッチゴールを目指すことで結果的に高い成果を導くこと**を目的としています。

　下図のようにObjectiveは達成の責任を持つDRIが設定され、責任を分散させないようにします。チームのOKRをつくる際には、リソースを集中させるためにObjectiveは3個以下に絞り、何をしないのかを明確にします。KRは達成が困難な測定可能な

GitLabのOKR（FY23-Q4）

```
Objective1：顧客に成果を提供することで収益を促進する
        DRI：CEO ◀─────────────────────── DRIを指名する
         KR：FedRAMPとYobikeyの導入によってセキュリティを強化
         KR：フルフィルメント効率と登録機能の目標達成によって、    計測可能なKR
            GitLabを購入しやすくする
Objective2：GitLabのDevSecOpsプラットフォームを成熟させて、製品エクス
            ペリエンスを改善し、ユーザーエンゲージメントを向上させる
                                                            Objectiveを
        DRI：CEO                                            3つに絞る
         KR：…
         KR：…
Objective3：キャリアアップ
        DRI：CEO
         KR：…
         KR：…
```

出典：「FY23-Q4 OKRs」をもとに筆者翻訳
URL：https://about.gitlab.com/company/okrs/fy23-q4/

■ GitLabのFY23-Q4 OKR

ストレッチゴールを設定し、達成の責任を持つ個人かチームを明確に設定しなければなりません。

　GitLabではOKRにリンクした重要業績評価指標（KPI）を管理しています。その中でも、全社員が注目するべき唯一の指標を**ノーススターKPI**と呼んでいます。一般的に同様の指標はノーススター「メトリクス」と呼ばれていますが、GitLabではパフォーマンス指標（PI）の中で重要なものをKPIと区別しているため、メトリクスではなくKPIという用語を使っています。ノーススターKPIに定義されるものは、プロダクトの成長に必要不可欠な指標であり、プロダクトの本質的な価値が顧客に提供できているかを図るための指標でなくてはなりません。GitLabのノーススターKPIは「Net ARR（年間経常収益維持率）」となっており、それ以外にも重要とされている9つのKPIとあわせてGitLab KPIと名付けています。

　このようにOKRとKPIを組み合わせることでフォーカスと責任をはっきりさせ、すべて可視化することによって、メンバーが何を目指せばいいのか迷うことなくパフォーマンスを発揮できるようになります。GitLabにおける個人パフォーマンスの成果は、OKRに対して与えた影響によって計測できます。

マネージャーとパフォーマンス基準を合意する

　個人パフォーマンスを計測するためにマネージャーとメンバーの間で目標を合意することが重要であると述べました。目標設定について理解していくため、GitLabの考えるマネージャー像とメンバーとの関係性の観点から説明していきます。

まず、GitLabではインテルの元CEOアンディ・S・グローブの著書『HIGH OUTPUT MANAGEMENT』（日経BP社）を参考にして組織のパフォーマンス向上に向き合っています。アンディ・S・グローブは著書の中で、マネージャーの役割とは「チームのアウトプットを最大化させること」と説明しています。メンバーに向き合い、ひとりひとりのパフォーマンスを最大化させることこそがマネージャーの最も重要な責任であるとも述べています。

　一方、メンバーの側も最高のパフォーマンスを発揮できれば組織の中で評価され、キャリアと報酬を向上させることにつながります。**このようにマネージャーとメンバーの役割を明確にしておくと、マネージャーとメンバーは協力者としてWin-Winの関係性を構築できるようになります。**GitLabのようなリモート組織では、メンバーはマネージャーにコントロールされるものではなく、成果を出すためにマネージャーを利用するものであると認識するべきです。メンバーは目標達成のために、マネージャーに対して自分の能力を伸ばすヒントを求めたり、必要な情報を得たり、調整に動いてもらうことで組織を動かすことが望ましい関わり方といえるでしょう。

　こうした考え方は、第5章の効率性のValueのところで説明したひとりひとりが当事者意識・経営視点を持って物事を進めていく「マネージャー・オブ・ワン」という行動指針にも表れています。パフォーマンスに対するコミットメントは、当事者意識を持った個人の意志であり、その実現のために周囲に働きかけていくことを推奨しているのです。

　目標に関しては全社のOKRやチームのKPIに紐付けて、マネージャーと個人KPIを設定し、達成に向けて自律的に行動に移していきます。そのため、**マネージャーと率直な議論を交わし、ど**

んな成果を目指していくのか目標を明確に合意することが重要となります。その上でマネージャーから言われたことをただこなすのではなく、自分の目標を達成させるためにマネージャーをコーチとして活用したり、ステークホルダーとの調整役として立ち回ってもらったりすることで合意した目標を達成させる「**マネージャーを使う**」という動きが必要になっています。また、行動面での振る舞いに関しては、各Valueや職種に紐付いたコンピテンシー（成果を出すための行動や志向、判断基準の特性）が定められています。この基準を参考にして日々の業務の中で能力を発揮して成果につなげていきます。マネージャーとの1on1を通じてコンピテンシーの発揮度合いに対するフィードバックをもらいながら、アドバイスを受けてコンピテンシーをより向上させていきます。

　こうしたことからわかるように、GitLabにおける合意すべき目標とはメンバーにとって実績としてアピールしたい成果やキャリア構築、成長のきっかけとなるテーマを明確にし、マネージャーとメンバーの間で互いに強いコミットメントを交わすものです。それによって、メンバーは高いモチベーションを持って業務に向き合えるようになり、結果的に高いパフォーマンスにつながっていくことになります。

意思決定に関する考え方

　GitLabでは、個人のパフォーマンスを最大化させるためにユニークな意思決定プロセスを取り入れています。個人に権限を持たせることによって、リーダーシップと状況判断を両立できるよ

うにするための取り組みです。

世の中で一般的に目にする意思決定のプロセスには、ヒエラルキー型とコンセンサス型があります。ヒエラルキー型の組織ではトップダウンで決定するため、物事が決まるまでのスピードが速くなります。その代わりに顧客の生の声や業務プロセスを運用する中で見つかった情報をヒエラルキーの上位者（主に意思決定者）が正確に把握することは困難です。一方でコンセンサス型の組織は、さまざまなレイヤーからの情報が集まりやすく、多様な視点を得られますが、コンセンサスを得るために合意を取り付ける相手が増えるので、物事を決定するスピードには欠けてしまいます。

GitLabでは、ヒエラルキー型のスピードとコンセンサス型のデータ収集能力を両立させることで、個人パフォーマンスを最大化させるようなしくみを整えています。具体的には、下図のように**「データ収集」と「意思決定」というプロセスを明確に分離し、**

データ収集フェーズ
- できるだけ多様なステークホルダーから情報を集める
- 意思決定をする上で十分な量と質の情報をそろえる
- 見落としている視点や思い込みのバイアスを避けるために活用する

意思決定フェーズ
- 十分に情報が出そろったらDRIが意思決定を行う
- DRIの意思決定に関して、異論や反論、疑問を歓迎する
- DRIは真摯に対応するが、他人の感情を害するとしても意志を持った決定を行う
- DRIの決定事項には、反対意見や異論がある人も全力で協力する

■ **GitLabの意思決定の流れ**

データ収集をする際にはコンセンサス型のビジネスプロセスを行い、意思決定をする際にはヒエラルキー型のプロセスを実行する形です。

　これを実現するための重要なしくみがDRI（直接責任者）です。DRIはヒエラルキー型のトップのように物事を意思決定できます。ただ、DRIが意思決定をする前にコンセンサス型のようにさまざまなレイヤーやチームからの情報を集めるプロセスを追加するようにします。

　たとえば、「プロダクトにある機能を追加する」というテーマを扱う場合を考えてみます。セールスとしては法人顧客からの要望が聞かれるAという機能を優先したく、ユーザーコミュニティの担当者からはユーザーが求めているBの機能を優先してほしいケースで考えてみましょう。

　プロダクトに追加する機能を決めるDRIは、セールスやユーザーコミュニティ、マーケティング、開発チームなどからさまざまな意見を収集します。これが意見収集フェーズです。DRIはGit-LabのValueやOKRなどを参照しながら総合的に判断し、独断で意思決定を行います。DRIはたくさんの人が賛同する意見ではなく、自らが正しいと考える決断を下します。DRIの決定に対して納得できない場合や疑問がある場合にはDRIに対して質問や異論を述べます。その疑問や異論に対してDRIは誠実に向き合わなければなりません。

　回答したとしても納得が得られないケースや結論が出ないこともあります。その際には、異論や疑問があったとしてもチーム全体はDRIの決定に全面的に従います。DRIの決定が正しかったかどうかはユーザーのフィードバックなどで検証することで明らかになります。そのため、議論上の正しさは問題にはなりません。

意見が受け入れられなかったメンバーも、自分の意見に対してこだわりを持たず、DRIの決定に対して全力で向き合ってサポートします。これが「同意しない、コミットする、同意しない」というGitLabの基本原則です。こうしたルールがあるため、GitLabではDRIが自ら責任を持って意思決定せず、たとえば多数決などで決定しようとする場合には**リーダーシップが欠けている**とみなされます。

その一方で、DRIだからといって雑に意思決定をして良いわけではありません。意思決定を行う際には、アンコンシャス・バイアスや個人的な思い入れが強いテーマ（感情の引き金）が存在することを理解し、根拠の薄いデータで意思決定するのではなく、十分な質と量を持ったデータに基づいた意思決定をしなくてはなりません。例外的なケースとして、定量的なデータが少なく複雑な要因が絡まり合うテーマの場合には、その分野に精通したリーダーの経験と知識のほうが優れている場合があるため、あえてデータを集めないケースも想定しておきます。

このようなプロセスを会社全体のルールとして遵守することによって、必要なデータを集めながらもコンセンサスに寄らず、個人の責任とスピード感を持って意思決定し、実際の世の中に問うことで前進を続けられています。多様な視点やデータを活用しながら、意志を持った個人に裁量と責任が任せられることがパフォーマンスを最大化させる上で必要な観点だとGitLabは考えているのです。

スキルと意志のパフォーマンスを見極める

　成果や行動だけでなく、日常的なパフォーマンスについても GitLabは言及しています。メンバーの日常的なパフォーマンス が落ち始めてくると、さまざまな傾向が見られるようになります。 こうしたパターンが見受けられた場合には、深刻な問題になって しまう前になるべく早期に手を打たなくてはなりません。

　いくつか例を挙げると、まずKPIの進捗やタスク処理スピード が滞り始めます。問い合わせや質問、状況確認に対してのレスポン スが遅れ、どんな状況に置かれているのか把握しづらくなって きます。1 on 1などで話した際に他のチームメンバーに対する 不満を漏らすこともあるかもしれません。さらには個人やチーム の目標に対して、懸念や納得していないような態度を示すことが あります。チーム内で思いやりのない態度が見受けられるように なり、他のチームメンバーからその振る舞いに対して懸念が表明 されることも出てくるかもしれません。

　こうした状況が続くと、パフォーマンスが出ていないメンバー の影響が他のチームメンバーにまで及ぼし出し、チーム全体の目 標未達やモチベーションの低下につながってしまいます。こうし たパフォーマンスの低下が見られる場合には、**「スキル」と「意 志」のどちらに問題があるのかを特定し、根本的な課題を解決し ていく**必要があります。

　「スキル」に問題があるケースとは、現在の役割を果たすため の技術的能力、ソフトスキル、優先順位付け能力などの何らかの 不足があるため、目標達成をするつもりはあるものの困難な状況 に置かれてしまっているケースです。この場合は、タスクを完了

させるためにどの部分のスキルが不足しているのかを特定し、トレーニングやコーチング、ツール、リソースの提供、期間限定でメンターをアサインするといった手法で改善を目指していきます。

「意志」に問題があるケースとは、タスクを完了させられる必要なスキルを持っていても、実行する意思に欠けているケースです。この場合は、スキルに問題がある場合よりも、よりセンシティブな問題かもしれません。モチベーションが見えなかったり、プロフェッショナルとして不適切な振る舞いが見られたりする場合には、GitLabの場合であれば専門の部署に連絡を取るよう促しています。GitLabの中には次項で解説するチームメンバー・リレーションズ・スペシャリストと呼ばれるグループがあり、チーム内での関係性構築に関する専門的なノウハウを有しています。こうした専門チームの助けを借りながら、相手が置かれている状況について理解を進め、サポートやガイダンス、コーチングなどの手法を用いて、チーム内の問題解決と改善に取り組んでいきます。

チームメンバー・リレーションズ・スペシャリストという役割

組織における問題の多くは人間関係から生じるといっても過言ではありません。プロダクトやサービスに関する懸念や法的な問題は検証したり、基準を確認したりすれば前進できますが、人間関係の中で見解の相違があった際にどちらが正しいかを明らかにするのは非常に難易度が高い問題です。理屈の正しさだけではなく、相性や今まで積み重ねてきた経緯、本能的に非を認めたくないといったさまざまな要因が関係します。しかも一度きりではな

くチームメンバーとして毎日一緒に仕事をしなくてはならないため、より複雑さを増していきます。

こうした人間関係から生じる問題に関しては、GitLabでは**チームメンバー・リレーションズ・スペシャリスト**という専門のグループが対応します。彼らはこうした認知上の問題が生じる背景となる知識や対話を通じて、どのように認知を変容させ、関係性を改善するかという専門的なノウハウを有しています。日本でも人事がこうした人間関係のトラブルに対処することはありますが、その目的は会社の法的リスクをいかに回避するかに焦点が当たっていることが多いように思います。チームメンバー・リレーションズ・スペシャリストは、文字通り関係性のスペシャリストであるため、（法令や倫理基準はもちろん遵守しながら）良い関係性を構築し直すことに焦点を当てています。

何かあった際の相談窓口のような受動的な問い合わせ先だけでなく、チームメンバー・リレーションズ・スペシャリストのような専門の役割が組織内に存在することには大きな意味があります。まず、人間関係の構築はすべての人が日常的に行っているテーマであるだけに、問題が生じたときにも自分で解決できると気軽に考えてしまいますが、その過信によって傷を深くしてしまうことが往々にして発生します。気が付いたら関係修復が難しいほどこじれてしまうことも枚挙にいとまがありません。しかし、知識とノウハウを有した専門家が介入することで取り返しの付かない事態を避けられますし、こうしたセンシティブな問題は気が重く後回しにしてしまうこともあるため、専門家に相談できることは早期の問題解決にもつながります。間違った対応や効果的でない対応を避けられ、信頼できる品質の対応を提供してもらうことで人間関係の問題に適切に対処できるようになるでしょう。

問題が発生した際の適切な対処以外にも、チームメンバー・リレーションズ・スペシャリストが近くにいることで生まれるメリットが存在しています。たとえば、チームメンバー・リレーションズ・スペシャリストが存在することで、組織内の公平性や信頼性の維持に機能します。GitLabの場合、チームメンバー・リレーションズ・スペシャリストが基準とするのはGitLab Valueと専門的なノウハウに基づいて行われるため、権力や個人的な好き嫌いで物事を決定することはありません。上司部下といった権力の不均衡があるときに、権力者が常に優先される環境では信頼関係や透明性が失われ、公正さではなく忖度によって意思決定されるという組織カルチャーが培われてしまいます。チームメンバー・リレーションズ・スペシャリストが常に一定の基準に従って公正に対応することによって、組織内で発生した人間関係はフェアに扱われると信じられるようになり、組織に安定性をもたらすことができます。

　チームメンバー・リレーションズ・スペシャリストが扱う問題は、いくつかの段階を設けてユースケースを説明しています。最初の段階（Level 1）は、コーチングの支援、パフォーマンスに関する相談、プロフェッショナルでない振る舞いへの対処、異動の際の不安、欠勤が続く場合の対処などが該当します。次の段階（Level 2）は仕事の放棄、マネージャー／メンバー間の人間関係トラブル、メンバー／メンバー間の人間関係トラブルがあった際です。最後（Level 3）が倫理規定違反、ハラスメント、処罰などに対する報復の発生、行動規定違反です。Level 3が発生した場合は、すべてのケースが法務部にも共有されます。

　GitLabのメンバーは、誰でもプライベートな問題をチームメンバー・リレーションズ・スペシャリストに相談できるようにな

っており、安心して相談できる窓口としても機能します。このように信頼して相談できるスペシャリストが組織内に存在することで、人間関係という問題に対して健全性を維持しつつ安心してパフォーマンスを追求できるようになっています。

不健全な制約に抵抗する

　一般的に組織が拡大するとさまざまなルールが生まれてプロセスが増え、最終的なアウトカムが出るまでのスピードが落ちていきます。一方でルールがあることによって効率的に進められるケースも存在します。問題があるのは効率的でないルールが生まれてしまったり、ルールがつくられた際には妥当性があったものが時間と共に形骸化し、そのまま残り続けていることです。パフォーマンスを阻害しないためには、こうした不健全な制約に抵抗することで**意義のある効率的なルールのみを残し続けていかなければなりません。**

　たとえば、DRIを選ぶことも制約を取り除く取り組みのひとつです。コンセンサスをなくし、責任の所在を明らかにすることで誰がリードしていくのかを明確にしています。これによって暗黙の調整や期待を避けられ、本質的な業務に集中できるようになります。プロセスを管理する必要があるものに関しては、より負担を軽減できる方法がないのかと常に模索しましょう。GitLabの場合は、毎年ルールやプロセスに無駄がないか見直す時期を設定しています。段階を踏まなければならないものや毎回承認を得る必要があるもの、制限がかかっているものに注目して、より効率的にできないか見つめ直してみましょう。

その他にも無駄な制限を取り除いて効率的なプロセスを維持するためにはいくつかの方法があります。たとえば、こうした制限を取り除くことを業務とする役割を誰かに与える方法もあります。何かしら制限を取り除いて効率化させた人に対してインセンティブを与えたり、イベントとしてみんなで一斉に競争したりすることも良いアイデアです。組織再編やサービスに変化が生じたり、ビジネス上の状況の変化があったりした場合には取り除ける制約がないかを意識してみましょう。作業の工数や時間を計測して、短縮時間の目標を掲げてチャレンジすることも意味があります。制約を取り除くことに取り組む集中日などをつくって、チームで既存の業務フローの効率化にチャレンジすることも効果的でしょう。こうした取り組みを浸透させることで、日常的に価値を感じないプロジェクトやルールは停止することを提案するカルチャーを醸成できます。

また、プロセスの非効率を指摘されたとき、**指摘される側にもルールを設けるべき**です。たとえば、「前からこのやり方をやっているから」という返答は認められないようにするのも一案です。

このように常に自分のパフォーマンスを妨げる非効率な制約がないか注目し、改善の提案を行ったり、自分だけで解決できない場合にはマネージャーや関係する部署に働きかけて改善を目指していくことで、より効率的な仕事の環境を整えていきましょう。

Key Talentを認定する

組織の中で特に重要なパフォーマンスを発揮している人材の扱い方を考えてみましょう。GitLabでは会社の状況を左右する重

要な人材を「**Key Talent**」として認定を行い、管理しています。

　対象者が退職した場合、次の基準のいずれか1つを満たすときには、GradeにかかわらずKey Talentとして認定することができます。

- プロダクトに対する重大な混乱が起きる
- 年間経常収益（ARR）へ重要な影響を及ぼす
- 重要なマイルストーンを達成するための組織能力に大きな影響を及ぼす
- 重要なプロセスの進行に深刻な影響を及ぼす
- 部署の運営に重要な影響を及ぼす

　このように、パフォーマンスが高いからといって必ずしもKey Talentに認定されるわけではありません。Key Talentに認定されるのはあくまで退職した際に組織が機能不全に陥るような役割を担っている人材です。Key Talentの運用は組織をシステムとして捉えてミッションクリティカルな箇所を特定し、冗長化を目指すイメージです。属人性が高く、その人がいなくなってしまった場合、誰も代役をこなせない役割を担っている人を任命します。これは、バス事故に巻き込まれてしまうと会社全体に影響を与える特定の人という意味で「バス因子」とも呼ばれています。

　GitLabでは、こうした理由でKey Talentに認定されているのは全従業員の約10％に過ぎず、当然ながらそれ以外にも活躍している従業員は数多く存在します。ビジョンの達成のためにはあらゆる人材が必要であるため、Key Talentに認定されるされないにかかわらずGitLabでは等しく公正に尊重されています。

　GitLabがKey Talentを認定するプロセスは、まず20名以上の

部下を持つシニアマネージャーが人事システムから推薦を行います。各部門で条件に合致しているかの確認と、人数が適切であるかなどの調整が行われ、最後に経営陣の承認を受けて決定します。状況に応じて見直しは行われるため、一度認定されたからといって認定され続けるとは限りません。

　GitLabでは、Key Talentに在籍し続けてもらうためにエンゲージメントを高める施策を提供し、突然の退職につながらないように丁寧に向き合っています。同時に、組織における単一障害点とならないように、Key Talentには後継者の育成にも取り組んでもらいます。具体的なエンゲージメント向上施策としては、GitLabではL&D（Learning & Development：能力開発、第13章参照）、キャリア発展の機会、そして適切な報酬の提供などを用いて在籍を続けるモチベーションを高めています。Key Talentのように重要なスキルを持った人材は成長する機会や適切な報酬を常に求めており、それが現在の会社で実現できないと感じたときに退職を考え出します。

　このような状況に陥ることを避けるため、L&Dではパーソナルスキルや専門性を磨くためのコンテンツ、トレーニング、実践の機会、コーチングなどを意識的に提供します。キャリア発展の機会ではマネージャーとKey Talentの間でキャリアの構築について話し合い、どんな業務やテーマにモチベーションを持ち、キャリアビジョンを描いているのか把握しておく必要があります。本人の希望を理解した上で、現在のポジションを次の段階に進める「縦のキャリア発展」と、役割の範囲を広げたり新しい役割を任せたりするといった「横のキャリア発展」のどちらの可能性も模索していきます。

　報酬については、GitLabは人材市場の相場を参考にした金額

の決定を採用しており、パフォーマンスと市場価値に基づいて他の企業に負けない相場の金額を提示できるようにしています。

　このように組織を1つのシステムとして捉えてKey Talentとして管理することで、組織やビジネスプロセスの単一障害点やリスクが高い部分を発見してリスクを抑え、万が一の事態に備えられるようになります。何よりもこうした人材は引く手あまたであり、組織を前進させる重要な人材です。こうした人材を引き留め、活躍できるようにすることは組織にとっても大きなメリットがある取り組みといえるでしょう。

第 **10** 章

GitLab Valueに基づいた
人事制度

本章では**GitLabの人事制度**について解説します。

　驚くべきことにGitLabは人事制度についても多くの部分をWebサイト上で公開しています。外部に対して公開することで、人事制度についても遵守徹底をするという強い意志を感じます。人事制度とは組織においてどんな責任を果たせば評価され、報酬が上がるのかという会社の基本となるルールです。人事制度は一般的に等級制度・評価制度・報酬制度から構成されており、それぞれが一貫した思想に基づいて統合されている必要があります。制度設計を行う上では、組織として望ましい振る舞いや成果を導くためにインセンティブを与えるような基準として機能しなくてはならず、メンバーにとっても自分たちに何を求められているのか明確に伝わるものにしなくてはなりません。GitLabではGradeの定義や評価の基準、昇格のプロセス、報酬決定の方法なども明確に設計され、メンバーが納得感を持ちつつパフォーマンスを発揮できるようなしくみが整えられています。

　GitLabの人事制度がどのような思想に基づいて設計され、運用されているのかを読み解き、人事制度を設計する上での参考として活用していきましょう。

等級はJob Gradeを基準として決定する

　等級制度とは会社が考える責任範囲やパフォーマンスのレベルに応じて等級階層を設け、期待する役割や報酬金額の基準とするものです。等級制度を構築する際には**等級を決定する根拠となる基準の定義を明確に行い、どのような基準やプロセスで次の等級に進めるのか**を定めていきます。

　等級制度は、一般的に能力を軸とした「職能資格制度」、職務を軸とした「職務等級制度」、役割を軸とした「役割等級制度」などが存在しています。GitLabでは次ページの図のように、職務等級制度によるJob Gradeを採用しており、マネジメントテーブルと個人貢献者テーブル（Individual Contributor）が用意されています。テーブルが分けられていることで、ピープルマネジメントの方向性ではなく個人としての専門性を高めたいメンバーもキャリアを描けるようにしています。

　ジョブのレベルごとにコンピテンシーが設定されており、リーダーシップのようなソフトスキルや職種特有のスキル、リモートワークのコンピテンシーなどが設定されています。これに加えて、GitLab Valueに紐付いたコンピテンシースコアも規定されており、Job Gradeに見合ったValueを体現することが求められます。

　昇格に関しては四半期に一度行われており、昇格計画、キャリブレーション（調整）、処理の３段階のプロセスで実施されます。GitLabでは次のGradeの要件を満たした上で次のGradeに昇格するという入学方式を選択しています。次のGradeのジョブが期待できるかどうかではなく、実際に発揮されたパフォーマンスに基づいて決定されます。

Grade	マネジメント	個人貢献者（IC）
15	CEO	
14	EVP/CXO	
12	VP	フェロー
11	シニアディレクター	シニアディスティングイッシュト
10	ディレクター	ディスティングイッシュト シニアプロダクトマネージャー
9	シニアマネージャー プロダクトグループマネージャー	プリンシパル プリンシパルプロダクトマネージャー
8	マネージャー	スタッフ シニアプロダクトマネージャー コンサルタント
7		シニア プロダクトマネージャー
6		インターメディエイト
5		ジュニア
4		インターン

※セールス、カスタマーサクセスは別途

■ GitLab の Job Grade

　マネージャーは昇格計画の中で昇格に値するメンバーがいるか
を確認し、**昇格ドキュメント**を作成します。昇格ドキュメントは、
昇格対象者の概要、Valueの体現度合い、実際のパフォーマンス、
昇格させるべきであるというビジネス上の妥当性を3ページ以内
にまとめて記載します。キャリブレーション段階では、各部署の
リーダーと関連するHRが調整を行っていきます。キャリブレー
ションでは昇格ドキュメントの精査や関連部署とのコラボレーシ
ョン実績、パフォーマンス、人事評価のログなどを確認して昇格
の妥当性を確認します。調整が完了したらスケジュールに則って、
人事システムを用いて手続きを行ってプロセスの処理を完了しま
す。

通常の昇格プロセス以外にも社内で新しくポジションが空いた場合には、社外にポジションが公開されると同時に、社内システム上からそのポジションに応募できるしくみになっています。面接プロセスに参加し、通過できた場合にはそのポジションに異動することが可能で、そのポジションのJob Gradeが現在のGradeより高い場合には昇格となります。これによって、社内・社外から適切な人材をポジションにアサインできるようにしています。また、社内にいる人がなかなか昇格できないのに、社外から上司が入社してくるという不公平さを避けることもできるため、キャリア開発の面でも効果的な施策といえるでしょう。

タレント評価はマネージャーの最優先事項

　評価制度の運用はGitLabのマネージャーにとって最も重要な役割のひとつです。適切な評価プログラムの運用はメンバーのパフォーマンス低下を回避し、主要な人材をつなぎ留めるという組織にとって最優先カテゴリーの問題に対処する役割を果たしています。

　GitLabでは、「**9-BOX**」（9ブロックとも呼ばれています）を用いて評価を行っています。9-BOXは次ページのように、縦軸に「パフォーマンス」、横軸に「成長力」をそれぞれ3段階ずつ分割し、9つのボックスに分けたものです。「成長力」とは、特定の期間で生産性を高めたり、より大きな価値を発揮できるようになるための「行動を取っているか」を意味しています。これは、成長とは才能といった曖昧なものではなく、成長を求める行動の結果でしか効果的な学習と能力開発にはつながらないためです。

パフォーマンス↓ 成長力→	成長力を改善する 必要がある （Developing Growth Potential）	成長力を示してい る （Growing Growth Potential）	卓越した成長力を 示している （Exceeding Growth Potential）
役割を超越したパ フォーマンスを発揮 している （Exceeding）	順調に成果を上げ ているが、現在の 役割で成長する必 要があり、成長の 意欲や能力を示し ていない	• 役割を十分に果 たし、価値ある 貢献、求められ るコンピテンシー を一貫して発揮 している • 役割を広げる意 欲と能力があり、 この先1年でさ らなる責任を担 う準備が整って いる	• 現在のポジション や部門の要求よ りも早く成長して いる • 役割を超えた仕 事を任され、高 いコミットメント を示し、大きな 成果を出し続け ている • 自分のスキルセッ トを拡大し、より 大きな範囲の責 任を担う準備が できている
役割に期待される パフォーマンスを発 揮している （Performing）	役割の期待は果た しているが、より成 長するための意志 がない、またはでき ない	• 役割の期待を果 たしており、成 長する意欲や能 力を示している • この先1年で大 きな責任、イン パクト、複雑性 を吸収する準備 はまだ整っていな い可能性がある	• チームメンバーは 期待通りの貢献 を示しており、 期待通りのパフ ォーマンスを発揮 している • 自分の能力をさ らに成長させる 意欲と能力があ り、近い将来に さらなる責任を 負う準備が整っ ている可能性が ある
役割を果たすため 改善する必要があ る （Developing）	• 役割の期待を果 たせておらず、 学ぶべきことが 多くある • ポジションに就い てから日が浅く、 成長の取り組み がまだ持続的に できていない	• ポジションに就い てから日が浅く、 十分に能力が発 揮できていない • 組織内の変化に ついていけていな い可能性がある • 役割を果たすた めに成長の意志 と能力を示して いる • パフォーマンスや 成長力を発揮す る機会にチャレン ジし続けている	• 現在の職務要件 は満たせていな いが、いったん 成長すればその 範囲を超える意 欲と能力を示し ている • このメンバーは、 より多くの指導と 時間があれば現 在の役割で成功 し、より適切にス キルセットにあっ た別の役割や部 署で活躍できる 可能性がある

■ **GitLab の9-BOX**

どれだけ期待が持てそうな可能性を秘めている人であっても、行動を伴うことなく成長することはあり得ないのです。GitLabではこの9-BOXを、パフォーマンスをより向上させ、キャリア開発を進めていくための対話の材料として活用しています。

　GitLabでは、「パフォーマンス評価」を２つの視点で決定しています。まずは、ポジションで果たすべき責任やKPI指標、専門性の発揮などの「成果」の要素をパフォーマンス評価の60％として評価し、次にGitLab Valueやリモートワーク能力などのコンピテンシー要素を残り40％として計算しています。それぞれを合計してパフォーマンスを見極め、Developing（開発中）、Performing（貢献）、Exceeding（卓越）の３段階のうちいずれかに分類します。

　Developingは役割に期待されているパフォーマンスを満たせておらず、改善する必要がある場合にカテゴライズされます。新入社員や昇進したばかりのメンバーがまだ仕事に慣れておらず、ここにカテゴリーされることもあるため、一概にパフォーマンスが「悪い」と扱わず、向上する必要があるというメッセージを伝えるように注意します。マネージャーはDevelopingであることを説明するために論理的な根拠が正確に伝わるよう、客観的な具体例と詳細を提供しなければなりません。

　次に、Performingは順調に役割の期待に応えている状態です。GitLabの仕事の進め方に基づいて行動し、期待されている成果を出し組織に貢献できている状態です。時には期待を上回った成果を残している場合もここにカテゴリーされることがあります。

　最後にExceedingは、現在のポジションに求められる要求を常に上回り続けている場合にカテゴライズされます。GitLabのValueを理想的に体現しているような振る舞いで模範を示し、期

待されている役割以上の範囲で自分の役割を捉え、大きな成果に
つなげている状態です。GitLabではこのように分類し、成果と
行動面によるパフォーマンスを定義しています。

　次に、「成長力評価」について説明します。パフォーマンスは
現在の状況や過去の実績に焦点を合わせていますが、成長力は将
来に焦点を当てています。成長力評価に関しては、パフォーマン
ス評価よりも定性的な視点が必要になるでしょう。成長力とは、
現在の役割よりも広い範囲や複雑なテーマに対する責任を率先し
て引き受け、新しいスキルを習得する能力と意欲を意味していま
す。

　GitLabでは成長力を測定するために、次ページのような４つ
の視点から見極めるためのフレームを提供しています。１つ目が
「**適応性**」と呼ばれる、新しいスキルを学んで活用し、困難な状
況でも成功する意欲と能力です。不確実な状況の中でもそれを乗
り越え、変化に柔軟に対応できる要素です。２つ目が「**拡張性**」
と呼ばれる、自分の領域外へと責任を拡張する性質です。より複
雑で、影響力が大きく範囲が広い役割を引き受ける意欲と能力に
よって計測できます。３つ目が「**一貫性**」で、効果的な問題解決
能力を有しているかという視点です。さまざまな変化がある状況
下であっても一貫して成果を出し続ける能力、コミットメント、
信頼性を意味しています。最後が「**セルフ・アウェアネス**」と呼
ばれ、自らを内省し、客観的に見つめる能力です。自分のスキル
や強み、弱み、バイアスなどを認識し、改善点を発見し、計画を
立てる能力と実際に行動として実行できる深さです。自分の振る
舞いがどのような影響を与えるのかを認識し、効果的な振る舞い
をすることもできます。GitLabではこの４つの視点を「**成長力
の柱**（"Growth Potential" Pillar）」と呼んでいます。

適応性
1. 状況の変化に適応できていますか？
2. 自分の役割でさらに成功するために新しいスキルを習得しようとしていますか？
3. プレッシャーの下であっても効果的に新しいことを学ぶ有能さを示していますか？

拡張性
1. 自分の役割の範囲外の領域にも関心を示していますか？
2. 昇格や違う役割を担うために役立つ新しいスキルの習得に取り組んでいますか？
3. 「ストレッチ」なプロジェクトや計画に自発的に参加していますか？
4. 他のメンバーをコーチング、メンタリング、リードしていますか？

一貫性
1. 一貫して成果を出し続けていますか？
2. コミットメントを最後までやり遂げていますか？
3. 頼りになりますか？

セルフ・アウェアネス
1. フィードバックをルール通りに効果的に受け取っていますか？
2. 自分の強みと改善点を認識していますか？
3. 改善すべき領域のギャップを埋めるために取り組んでいますか？
4. 意思決定において、健全な判断を示していますか？

■「成長力の柱」のチェックリスト

　成長力評価では成長力の柱に基づいて評価を行い、Developing、Growing、Exceedingの3段階に分類します。
　Developingは、十分に成長力を発揮できていないメンバーを指しています。これは、新しい役割に慣れておらず、成長力を示す時間がなかった場合もありますし、新しいことに取り組もうと

していない意欲の欠如が見られることもあります。その際には、パフォーマンスとは異なる観点で見ることに注意が必要です。

Growingは成長につながる行動が見られるメンバーを指しています。既存の領域以外にも興味を示したり、より改善したり発展したりするためにはどうすれば良いかという視点を持って成長を模索しています。成長力の柱の基準でいえば、拡張性や適応性を示してはいるものの、成果に一貫性が見られなかったり、セルフ・アウェアネスが示せていない場合にはGrowingにカテゴリーすることが妥当です。

Exceedingは、十分な成長力が示され、機会があれば昇格できるだけの準備ができていることを示しています。成長の柱がすべて確認でき、積極的に求められている以上の目標やプロジェクトを推進している状態です。

各マネージャーは、これらの基準でメンバーのパフォーマンスと成長力を整理します。それが終わった後にマネージャーが集まり、それぞれの評価に関してキャリブレーションを行い、一貫性と公平性のある評価を維持できるように調整します。特に、9-BOXの左下と右上のパフォーマンス・成長力が共にDeveloping/Exceedingに該当するボックスに位置する評価に関しては、影響が大きいため、評価者のバイアスによって影響を受けていないか慎重にキャリブレーションします。

GitLabではこうしたプロセスを3カ月に一度行っており、決定した評価を9-BOXと共にフィードバックしています。これは単なる決定を伝えるだけでなく、チームメンバーのキャリア開発やパフォーマンス開発をするための対話ツールとしても活用しています。日常的に細かく1on1を重ねながらフィードバックを行って、四半期の半分が過ぎた頃に中間フィードバックを行いま

す。このように細かく評価についての状況をフィードバックすることでパフォーマンスとキャリアを開発し、最終的な決定への納得感を高めることができます。

報酬に関するGitLabのスタンス

報酬制度も、GitLabが重要視している公正さや透明性をベースに設計されています。たとえば、GitLabでは流動的に昇給額を決めるのではなく、Salesなどの一部職種を除き、社内で公開されている報酬計算システムに則って同じルールで報酬額を決定することで透明性と一貫性を保っています。報酬計算システムで算定された金額に、地域ごとの報酬水準に準ずる係数を掛け合わせて報酬額を決定します。これによって、報酬水準の低い地域に住むメンバーに過剰に支払うことがなくなり、各地域でも採用競争力を維持できます。過剰に支払わないことは会社側のコストメリットもありますが、GitLabに在籍することが本人にとって最良でない場合にも高すぎる報酬額はGitLabに縛り付けてしまうことにもなってしまうため、健全でない関係性を避ける意味でも必要です。メンバーとパフォーマンスがあくまでフェアに釣り合っている状態を維持するためにも、このように地域の状況を加味することは重要な観点です。

GitLabの報酬水準は採用市場においてGitLabの採用ターゲットになる人材が採用できる金額を提示でき、同時に報酬が理由で退職することを避けるためにサンフランシスコの採用市場の平均額を基準として、それを上回る報酬になるように設計されています。また、譲渡制限付株式報酬（RSU）も提供されており、長

期的に在籍するメリットも与えられています。

　その他にユニークなものとしては、メンバー個人がGitLabの他のメンバーの活躍を推薦できる制度があり、認定されると1,000ドルのボーナスが支給されます。こうしたボーナスがあることで、自分の良い仕事が認められる機会を得たり、他の人の良い仕事を探して称賛しようというモチベーションにもつながります。

　評価制度との関連は年に一度、評価に基づいて報酬額を見直しています。パフォーマンスを現金報酬額に反映させ、成長力は株式付与の判断基準として用いています。成長力に対して株式を付与することは長期間会社に在籍するインセンティブとなるため、成長に報いる上で効果的です。

　パフォーマンス評価の現金報酬額への反映は、目安としてDevelopingの場合は 0 ～ 3 ％増加、Performingは 3 ～ 7 ％増加、Exceedingは 6 ～10％増加を推奨しています。あくまで目安であるため、この範囲を上下することはあり得ます。

　基本的に報酬額を下げることはありません。報酬額を下げることでモチベーションは下がることはあっても上がることはありません。報酬額を下げたところで財務インパクトは微々たるものです。パフォーマンスの低下に関しては、報酬額でメッセージを伝えるのではなく、マネジメントによるパフォーマンス開発やHRと連携したパフォーマンス改善計画によって対処します。ダメであることを伝えるのを目的とするのではなく、お互いに納得できるパフォーマンスを発揮するためには何をすれば良いのかについて向き合うことが重要です。

経営課題としてサクセッションプラン （後継者計画）を用意する

　サクセッションプランとは重要ポストにおける後継者の育成計画を意味する、経営計画上の重要な人事施策です。東京証券取引所が2015年にコーポレート・ガバナンスコードとして策定し、2018年改訂、2020年と2022年に経済産業省がまとめた「人材版伊藤レポート2.0」でも言及されるなど、サクセッションプランに対する日本国内の関心も高まりつつあります。当然ながら替えが効かない重要ポジションが存在することは企業にとってリスクでしかなく、経営を安定化させるためには冗長性の確保が必要です。

　別の観点としては、サクセッションプランはリスクを軽減するだけでなく、**将来を担う優秀な人材の維持と能力開発による事業成長の推進**という役割も果たします。また、重要なポジションを担当できる人材が増えることによって、属人的な集中を避けて分担できるようになり、ボトルネックの解消やスピードアップにつながる可能性もあるでしょう。

　GitLabでは評価制度を実施してメンバーのパフォーマンスや成長力が確認できた後、シニアマネージャー（部長クラス）以上の役割を持っているメンバーがサクセッションプランを実施しています。後継者候補は、持続的に優れたパフォーマンスと成長力を示し、より大きな役割を担う意欲と準備が整っている人材でなくてはなりません。後継者計画を進める際に、組織のリーダーはチームの現在の状況と未来のビジネス目標を改めて確認します。後継者候補の実績や開発する必要のあるスキルを明らかにし、どのように育成をしていくのか、どのくらいの期間がかかる見込みなのかを見極めていきます。もし後継者の候補となる人材がいな

い場合は、採用を検討するか外部リソースを活用するといった計画を用意しておきます。

　ここで整理した内容は後継者計画のテンプレートを活用してドキュメント化し、経営チームやシニアマネージャー以上のメンバー、HRと共にレビューされ、質問やブラッシュアップが行われます。ビジネス目標を達成するためにスキルのギャップを埋める必要があるときには重要指標として設定したり、定期的に状況を確認できるように可視化したりすることで確実に対策されるようにします。

すべての人が昇格を目指す必要はない

　ここまでGitLabがいかに成果や成長に対する強いコミットメントを示しているか説明してきました。しかし、GitLabは昔の外資系戦略コンサルタントでいわれていたようなUp or Out（昇格か退職か）という、限界まで成果や成長に取り組まないメンバーは不要であるという考え方は採用していません。役割に求められるパフォーマンスを発揮しているのであれば組織にとって貴重な戦力であり、また本人が望んでもいないのにより大きな役割を強制的に求めるのはインクルーシブであるとはいえません。人生において仕事だけがすべてではありません。メンバーが人生と仕事をうまくバランスできるように組織として向き合うことによって、限界まで成長したい人は成長でき、調和した働き方を望んでいる人にはそうした状況を提供でき、いずれの場合であっても長く良い関係性を維持していけるようになるのです。

　だからこそ、マネージャーとメンバーの間での対話を通じてお

互いの期待値や認識をしっかりとそろえていかなくてはなりません。サクセッションプランで後継者候補になる人をポテンシャルで選ぶのではなく、後継者候補が後継者として適切な有能さを示すと共に、本人の強い意欲が表明されている必要があるとしているのもこうした理由からです。

　こうした思想を実現するために、多様な価値観の人が望むパフォーマンスを発揮できるように**インクルーシブな人事制度を設計する**必要があります。評価やフィードバック、キャリアに関する話し合いなどを通じて、メンバーがどのようなキャリアビジョンを描いているのか把握し、それに対してマネージャーはどう貢献できるのか誠実に向き合っていかなくてはならないのです。

第 **11** 章

マネージャーの役割と
マネジメントを
支援するためのしくみ

組織づくりにおいて、マネージャーは組織の質を左右する重要な役割です。管理職は何も新たな価値を生み出していないのではないかと考える人もいるかもしれませんが、それは誤りです。Googleは、マネージャーは不要ではないかと考え、実験的にマネージャーを撤廃する試みを2002年に開始しました。ところが、2008年に効果検証を行ったところ、その結果は正反対の結果となりました。つまり、マネージャーは極めて重要な役割を果たしていることがわかったのです。そのプロジェクトは「Project Oxygen」と名付けられ、チームのパフォーマンスを向上させるマネージャーに共通する行動を明らかにしました。

　現在、Googleではプロジェクトで明らかになった行動をマネジメント能力の開発に活用しています。具体的には、部下の指導、意思決定、コラボレーション、ナッジ、モチベーション管理、成果重視の姿勢、コミュニケーション、L&D、ビジョンの共有といった行動をチームに適切に提供できるようにノウハウやトレーニングを提供しています。

　パフォーマンスに関する説明の中で『HIGH OUTPUT MANAGEMENT』を紹介しましたが、マネージャーはチームのモチベーションを高め、フォーカスを示し、能力を開発し、チームメンバーを目標の達成に導くことが役割です。一方で、メンバーのパフォーマンスが発揮されない場合の対応や認識の相違を埋めるための対話、モチベーション低下に対する対処といったセンシティブなテーマに対応する必要もあります。

　本章では組織の質を決定づけるマネージャーとマネジメントについて解説を行い、**世界最先端のリモート組織がどうやってパフォーマンスを引き出しているのか**理解していきます。

親愛さはパフォーマンスを向上させる

GitLabのやり方は**敬意を持って親密さを構築し、互いの信頼関係を強化していくアプローチ**です。これがマネジメントにどのような影響をもたらすのかを知ることによってマネジメントに親密さが必要なのかを確認していきましょう。

リーダーとメンバーの間における関係性を扱ったLMX（Leader-Member Exchange）理論という概念があります。リーダーとメンバーの間で報酬や感情などの交換が行われており、その交換の質に注目した理論です。関係性を成熟させることによって、質の高い関係性を持つメンバーは、より多くのフィードバック探索を行い[1]、直接のフィードバックを求め[2]、ネガティブフィードバックに対しても積極的に求めにいく[3]ことがわかっています。

また、メンバーが組織内での高い自尊心（Organization-Based Self-Esteem：OBSE）を持っていることは良いパフォーマンスや行動に有意な影響を与えること[4]もわかっています。周囲から認められ、職場環境で成功体験を積むことで、自分はこの場所で活躍できる実感（ビロンギング）を与えることの重要性も示唆しています。メンバーがリーダーに対してポジティブな感情を抱き、組織で活躍できる自信があれば、リーダーや組織のために貢献しようというモチベーションが生じるのは自然な感情であるためイメージしやすいと思います。

一方で、リーダーとメンバーの関係性構築にはお互いの性格が影響を及ぼすことがわかっています。つまり、性格の相性が良い場合は自然に良い関係性が構築されやすく、そうでない場合は困難になります。また、高いパフォーマンスを発揮するメンバーに

対しては質の高い関係性を構築しやすいですが、パフォーマンスが低いメンバーに対しては冷淡になり、関係の質が低下しやすくなります。その他にも、質の良い関係性が構築されていたとしても、メンバー自身が自分の能力を過小評価していると高いOBSEを獲得することは難しく、挑戦的な行動につながりづらいこともあります。このように、リーダーが無自覚にメンバーと接していると、気付かぬうちにメンバーのパフォーマンスを十分に発揮させることができない状況になっている可能性があります。

こうしたことから、リーダーがメンバーのパフォーマンスを十分に発揮させるためには、**マネージャーは価値観や性格の異なるメンバーやパフォーマンスが出ていないメンバーに対しても積極的に関係性を構築する必要があること**がわかります。自らを過小評価しているメンバーに対しては成功体験を積ませ、事実ベースで自信を持てるように導いていかなくてはなりません。

このような関係性を構築する重要性は、下図のダニエル・キムの成功循環モデルでも指摘されています。良い関係性の構築は高いパフォーマンスのスパイラルを生み、質の低い関係性はパフォ

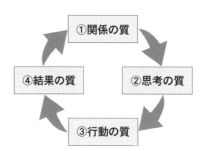

出典：ダニエル・キム "WHAT IS YOUR ORGANIZATION'S CORE THEORY OF SUCCESS?" をもとに筆者作成

■ ダニエル・キムの成功循環モデル

ーマンスを低下させ続けていくスパイラルを生んでしまいます。

マネージャーは意図的に関係性を構築する必要があり、好き嫌いではなく、マネージャーの責務として親密さを構築する必要があることを認識することでチームのパフォーマンスをより向上させることができるようになるでしょう。

マネージャーには
メンバーをつなぎ留める責任がある

「社員は会社を去るのではなく、上司を去る」という言葉があるほど、メンバーにとってマネージャーは影響力が大きい存在です。厚生労働省の「令和2年雇用動向調査結果の概要」の退職理由でも、人間関係や能力を活かしきれていなかったことなどが主要な退職理由として挙げられています。離職率は財務パフォーマンスに影響を与える変数として挙げられており[5,6,7]、業績に対する影響が大きい重要な経営課題です。

また、退職者が発生すると単純にリソースが減って作業が進まなくなるだけでなく、他のメンバーへの負担が増え、チームのモチベーションにも影響を与えます。それに加えて欠員補充のために採用活動に対するリソースや採用媒体・人材エージェントなどに支払う採用費用といったコストも追加で発生することになります。さらには優秀な人材であるほど、信頼できない上司や能力が活かせない環境から積極的に抜け出そうとするため、優秀な人材が定着しないチームに変化していくという質的な面の低下も発生します。

エンジニアに代表されるように組織における差別化要因が人になってきているといわれている中で、優秀な人材に活躍し続けて

もらうことは組織にとって非常に重要な経営課題です。こうした背景もあり、人材をつなぎ留めることはマネージャーにとって優先度の高い役割と捉えられています。

GitLabでは、メンバーをどれだけつなぎ留められているかという在籍率をマネージャーの定量的な数値目標として管理しており、マネージャーはメンバーをつなぎ留める責任を負わされています。その一方で、改善するために全力で向き合ってもパフォーマンスが向上しなかった場合や、本人のやりたいことが組織でかなわない場合には退職することもGitLabでは健全な選択肢として捉えられています。重要なことは在籍率を目標にしているからといって無理やり引き留めるのではなく、**GitLabで活躍できる能力や意欲があるのにマネジメントの問題で活かしきれない状況を避けること**です。

そのため、マネージャーは日常的にメンバーのキャリア計画に寄り添い、パフォーマンスを発揮してキャリア構築を実現できるように支援する必要があります。組織で十分に活躍できており、能力が成長する機会があり、報酬もそれに見合っている環境をわざわざ変えようと思う人は少ないでしょう。メンバーが活躍できることで組織にとってもメンバーにとってもメリットがあり、共に良い関係性を続けていくことができるはずです。

SMARTな目標を設定する

あらゆる計画がゴールの設定から始まるように、マネジメントの仕事も**目標設定によるフォーカスを定めること**が重要です。マッキンゼーなどのコンサルタントが「So What? / Why so?」を

繰り返していたり、トヨタが「なぜなぜ分析」で問題を掘り下げて解像度を上げているように、何を解決するべきなのかというディティールの具体性は結果を大きく左右します。明瞭な問いがあれば、現実的に取り得る選択肢の幅も決まってくるためアクションが言語化できるようになります。よくいわれるように「良い問いが立てられれば、問題は半分解決している」のです。

　こうした状態を目指すために、GitLabでマネージャーが良い目標を立てるために活用しているフレームワークが**SMART**です。Specific（具体的）、Measurable（計測可能）、Achievable（達成可能）、Related（経営目標との連結）、Time-bound（時間制約がある）の頭文字を取ったもので、このフレームワークに基づいて目標設定を行えば、マネージャーが期待しているパフォーマンスとメンバーの解釈のズレを減らす効果が見込めます。

　SMARTではない悪い例をいくつか挙げると、「サービスへの問い合わせ件数を増やす」とか「バグを減らす」といった目標は曖昧であり、実際に問い合わせ件数が増えていてもマネージャーが期待していた内容とは違ったことにもなりかねません。「9月末までにCRMツールに登録される新規問い合わせ件数を20%増加させる」「2023年10月までにバグを8つ修正する。これは期日までにマージされていなくてはならず、修正しない判断や再現しない場合は該当しない」といった具体的な目標が設定できるようにマネージャーがリードしなくてはなりません。

リアルタイムフィードバックを提供し、パフォーマンスを向上させる

　マネージャーの重要な役割としてパフォーマンスを引き出し、

成長を支援することが求められていると説明してきました。そのために避けられないアクションが**フィードバック**です。

マネージャーはメンバーに対して定期的に良質なフィードバックを提供する責任があります。フィードバックは、パフォーマンスやモチベーションの問題が深刻化する前に対処できる機会を提供し、問題を解決するだけでなく、パフォーマンスを向上させたり、キャリアを開発したりすることにもつなげられます。

フィードバックの提供に関しては、ただ提供すれば良いわけではなく日常的な信頼関係が必要です。第8章でも説明しましたが、メンバーがメッセージを意図通りに受け取ってもらえるように、十分なコンテクストを提供する必要があります。相手の視点や価値観を尊重し、メンバーにとって向上できるポジティブな機会であると理解してもらわなければなりません。相手が十分に受け止められないフィードバックは、逆に有害な影響を与えてしまう可能性もあるため、マネージャーは効果的なフィードバックを提供するためにトレーニングする必要があるかもしれません。

GitLabでは、フィードバックを提供するために「**クルーシャル・カンバセーション**」のフレームワークを活用しています。クルーシャル・カンバセーション（重要な対話）とは、次ページの図で挙げている3つのいずれか、もしくはすべてが含まれる話し合いを指します。まず1つ目は、意見が異なっている場合（反対意見）です。たとえば、メンバーが自分は昇進するに値すると感じているが、上司はそう思っていない場合です。2つ目に、重要な結果を伴う場合です。このままでは目標が達成できないときに、何か新しいことに挑戦しなくてはならない際の会話などがこれに当たります。最後に強い感情が伴う話し合いです。たとえば、本人は自覚がない状態で横柄な態度を取っていると指摘されたとき、

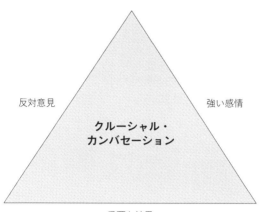

反対意見　　　　　　　　　　　　　　強い感情

クルーシャル・
カンバセーション

重要な結果

■ **クルーシャル・カンバセーションに該当するもの**

カッとなって言い返すシーンなどを想像してください。

　クルーシャル・カンバセーションは適切に対応できない場合、感情的になって人間関係にひびが入ってしまうことがあります。それを恐れてクルーシャル・カンバセーションに踏み込めない人も多いはずです。しかし、クルーシャル・カンバセーションが必要になる話題は、本質的で根本的な問題であることが多く、放置してしまうと課題が残り続けてしまったり、それどころか取り返しが付かないほど悪化してしまうことすらあります。そのため、GitLabでは、クルーシャル・カンバセーションに関する書籍を読んだり、認定資格を保有するメンバーからトレーニングを受けたりすることで、全社員がクルーシャル・カンバセーションを身に付けられるようにしています。

　クルーシャル・カンバセーションのフレームワークは、まず対話の内容が危険ではないと理解してもらい、お互いの認識をそろえ、共通の目的のために適切な対話が行われるようにするための

ノウハウを提供しています。たとえば、コントラスト化という相手の不安を適切にほぐし、お互いが合意できる本当の目的をはっきりとさせる手法であったり、事実をベースに仮説を伝え、適切な強さで反応を引き出すことで建設的な対話に導く方法などが説明されています。マネージャーはクルーシャル・カンバセーションなどの知識を活用し、重要なテーマに対して安全で効果的なフィードバックを提供することでパフォーマンスを向上させつつ、メンバーとの間に信頼関係を構築することが求められています。

　その他にもマネージャーが効果的なフィードバックをするためのノウハウがいくつか提供されています。たとえば、フィードバックを伝える前にフィードバック内容についてマネージャーが立ち止まってチェックすることが推奨されています。これによって送ろうとしているフィードバックの質を高められます。まずは、フィードバック内容が送られた人が現実的に実行可能な内容になっているかチェックします。次にSBIモデルを用いて解釈の余地が少ない明瞭さを持っているか確認します。そして、フィードバック内容がマネージャーが言いたいことを伝えるだけではなく、相手の役に立つ内容になっているかを受け手の立場から考えてみます。フィードバックの目的が明確で、マネージャーとメンバーが共に目指している目標に向かっているかもチェックします。最後に、フィードバックを通じてメンバーに期待している内容は、メンバーの役割や報酬額に対して見合った内容か妥当性を確認します。こうしたポイントを自問することで、効果的なフィードバックであるか確認できるでしょう。

　さらに、パフォーマンスの質を向上させるためには、メンバーが直面している根本的な課題を発見することが重要です。これを発見するために次ページに挙げたガートナーが作成した、パフォ

マネージャーが従業員のパフォーマンス課題の根本的な原因を評価するための質問

モチベーション
- タスクを完了させる意欲がありますか？
- 自分の仕事が評価されていると感じていますか？
- 従業員は完全に関与していますか？
- 組織の戦略にどのように結びつくか、明確に説明できていますか？
- 従業員は成功したいという野心を持っていますか？
- やりがいを感じていますか？
- メンバーに影響を与えている、個人的な事情がありますか？
- 他のチームメンバーと性格的に衝突していますか？

環境
- 業務の範囲が適切に定められており、需要に合った業務を担当していますか？
- 社内のプロセスは明確で効率的ですか？
- 利益が矛盾する優先事項を与えられていませんか？
- 官僚的な阻害要因は存在しませんか？
- 組織内に明確なレポートラインが存在しますか？
- 組織構造は責任を果たせる構造になっていますか？
- 必要なリソースにアクセスできますか？
- 経営陣のメッセージは一貫性がありますか？

知識
- 期待していることを明確に伝えていますか？
- 自分の役割と責任を理解していますか？
- 必要な情報を持っていますか？
- 長所と短所をお互いに把握できていますか？
- テクノロジーをどのようなシーンで活用するか理解していますか？
- 優先順位は把握されていますか？
- 定期的に密度の濃いフィードバックを行っていますか？
- 適切なOJTは与えられていますか？

スキル
- タスクを終わらせる方法を理解していますか？
- 必要なトレーニングはすべて完了していますか？
- 過去に同様の仕事を経験したことはありますか？
- 期待されるパフォーマンスレベルでタスクを完了させることができますか？
- 必要なテクノロジーの利用方法を理解していますか？
- タイムマネジメント能力に問題はありませんか？
- コンピテンシーが職務責任に見合っていますか？
- 組織のカルチャーに合っていますか？

出典：「Gartner PERFORMANCE ISSUE ROOT-CAUSE DIAGNOSTIC」をもとに筆者翻訳

■ パフォーマンスの問題の根本原因診断ツール

ーマンスの問題の根本原因診断ツールを活用することも検討しても良いでしょう。

ネガティブ・ポジティブいずれのフィードバックであっても、最も効果的に機能するのはフィードバックすべき事象が起きた直後です。時間が経つほどフィードバックの効果は薄まり、悪影響が大きくなります。理想的には常にフィードバックの機会を用意し、1週間から遅くても2週間に一度はパフォーマンスに対するフィードバックを定期的に提供し続けていきます。これは**リアルタイムフィードバック**と呼ばれており、パフォーマンスマネジメントの基本的なサイクルとして活用できます。

この際にマネージャーは、ただひたすらにパフォーマンス向上を目指せば良いわけではありません。「毎週10%パフォーマンスを向上させ続けよ」と言われても息が続かず限界を迎えてしまいます。メンバーのコンディションや実現したいパフォーマンスに向き合い、適切なペースを整える必要があるでしょう。現在のGradeに見合うパフォーマンスを超えてきたのであれば次のGradeに昇格させ、役割の責任と権限、パフォーマンスと報酬をバランスさせなくてはなりません。ただひたすらにパフォーマンスを要求し続けているだけではメンバーを疲弊させてしまい、ハイパフォーマーがチームから離れる結果になってしまいます。

ここまでフィードバックの伝え方について説明してきましたが、**マネージャー自身がフィードバックに対してどのように向き合っているか**という観点も重要です。メンバーからのフィードバックに対して、マネージャーが不誠実な反応を示しているとチームの信頼関係が失われていきます。メンバーからマネージャーに対してネガティブなフィードバックを行うことは簡単なことではありません。マネージャーはメンバーからのネガティブなフィードバ

ックがあった際には、言いづらいことを言ってくれたことに対して、丁寧さと感謝の気持ちを持って向き合わなくてはなりません。言い訳や反論をしたくなる気持ちを抑え、まずは一度誠実に受け取るようにしましょう。こうした積み重ねによって、ネガティブなフィードバックをパフォーマンス改善に転換し、良い影響を与え合える関係性を構築できるようになります。

パフォーマンスの不足に対処する

　マネージャーにとって最も困難な役割のひとつといえるのが、メンバーのパフォーマンスが不足している際の対処です。パフォーマンスが出ていないと伝えられたメンバーはショックを受けますし、マネージャーもこうしたメッセージを伝えることにはストレスを感じるでしょう。

　しかし、パフォーマンスが不足しているメンバーをそのまま放置することはチームの公平さを欠き、業績の低下や組織を牽引する優秀な人材の流出などを招いてしまいます。あえて低いパフォーマンスを発揮したいと考えている人は少ないはずですから、マネージャーは根本原因に向き合ってパフォーマンスを改善し、活躍できるように導かなくてはなりません。

　パフォーマンスの不足に関しては、マネージャーがメンバーと合意した基準に基づいて、**どの部分がどの程度不足しているのか可能な限り定量的な状況と実例をもとに説明を行い、望ましいパフォーマンスを発揮できるように協力していくという前向きなメッセージとしてメンバーに受け止めてもらう**必要があります。

　日頃からマネージャーはメンバーに対してパフォーマンスを向

上させ、活躍させるための責任を負っていることを伝え、メンバーもまたパフォーマンスが出しづらい状況になりそうな場合には前もってその原因を共有できるようにしておくことが必要です。それは業務に直接関連しないメンバーのプライベートな事情であっても、メンバーが開示してくれるのであれば親密に受け止め、配慮できるように向き合いましょう。

マネージャーは可能な限り早くパフォーマンスの問題に対処し、問題が大きくなる前にコーチングやティーチング、リソース確保などを通じて改善の兆しをつくるようにします。しかし、マネージャーの支援を続けても改善が困難である場合、遅くとも1カ月間サポートを提供しているのに効果が見られない際には、Git-Labの場合はチームメンバー・リレーションズ・スペシャリストに協力を仰ぐように求めています。チームメンバー・リレーションズ・スペシャリストは、その専門性を活かしてパフォーマンスの改善を支援することになります。

それでもパフォーマンスの改善が進まない場合には、「**パフォーマンス改善計画（PIP）**」を会社公式のプロジェクトとして設定します。グローバル企業では歴史的にPIPをローパフォーマーに対するリストラ施策として活用してきました。活躍できなかったという客観的事実を証明し、解雇を正当化するためのプロセスでした。しかし、GitLabではPIPをただのリストラ施策ではなく、本当の意味でパフォーマンスを改善するためのプロジェクトとしてコミットして向き合っています。

PIPのプロセスは、まず改善を目指す上でのパフォーマンス目標をドキュメント化するところから始まります。現在のパフォーマンスに関する評価、何をどのようにいつまでに改善するのかという方向性、どういう手順で改善していくのかといった具体的な

内容もドキュメントに書き留めていきます。ドキュメントの内容をマネージャーとメンバーで順番に読み込んでいき、見解の相違がないように確認します。マネージャーはメンバーに対して、改善を望んでいることと、メンバーをサポートするためにPIPに取り組むというメッセージを繰り返し伝え続けます。質問がなくなるまで丁寧にコミュニケーションを取り、マネージャーはPIPの内容を伝えたことをチームメンバー・リレーションズ・スペシャリストに報告し、チームメンバー・リレーションズ・スペシャリストはチームメンバーに対してPIPが公式に伝えられたことを確認してスタートします。

　PIPによるパフォーマンス改善中は、マネージャー、当該マネージャーのマネージャー、ピープルビジネスパートナー、チームメンバー・リレーションズ・スペシャリストのプライベートSlackチャンネルが作成されます。マネージャーはSlackチャンネルで毎週PIPの状況を共有し、全員に情報を共有します。

　PIPの対象となったチームメンバーは2〜4週間程度のパフォーマンス改善の期間を与えられ、マネージャーやチームメンバー・リレーションズ・スペシャリストの協力を受けながらパフォーマンス改善に取り組みます。このとき、PIPを受けているメンバーが真剣にプロジェクトに向き合わないなど、パフォーマンスの改善に対して真摯に向き合っていない場合には、早期にPIPを打ち切ることもあります。改善の方向性が見られるものの、まだ十分に改善しきっていない場合には期間を延長することもあります。チームメンバーがPIP期間中に十分に改善を示し、設定された期待に応えられた場合にはPIPは無事完了となり、より活躍ができるようにマネージャーは支援を続けていきます。チームメンバーが十分な改善を示さず、ドキュメントに記載されている期待を満

たしていない場合、その国の基準に則って契約終了などの手続き
が行われます。PIPが行われていることは、チームの他のメンバ
ーには開示しません。

　GitLabの場合は、会社としてパフォーマンス改善にコミット
しており、成功率50%以上を会社のKPIとして設定しています。
少なくともPIPを通じてパフォーマンスが改善し、活躍できるよ
うになる人が半分を超えていることで、PIPがチームメンバーの
ためにも存在していると認識されるようになっていくはずです。

　こうした健全なパフォーマンスに対する姿勢が機能し続けてい
くためにも、マネージャーはメンバーのパフォーマンスに対して
真摯に向き合っていかなくてはなりません。

5つのマネジメントコンピテンシー

　ここまで説明したように、マネージャーは組織のパフォーマン
スを左右し、難易度の高い役割をこなす必要がある重要な役割で
す。それだけに、どうやって役割をしっかりとこなせるマネージ
ャーを増やしていくのかという観点も視野に入れなくてはなりま
せん。

　GitLabでは次ページの図のように優れたマネージャーの5つ
のコンピテンシーを特定し、マネジメント能力の開発プログラム
として提供することで安定的にマネージャーが活躍できる環境を
用意しています。

　1つ目のコンピテンシーは、「**感情的知性**」（Emotional Intelli-
gence）と呼ばれるもので、日本ではEQという名前で知られて
います。感情的知性は共感を通じて、自己認識（セルフ・アウェ

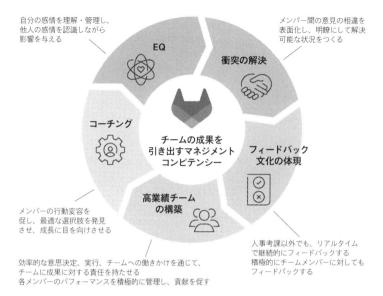

自分の感情を理解・管理し、
他人の感情を認識しながら
影響を与える

EQ

メンバー間の意見の相違を
表面化し、明瞭にして解決
可能な状況をつくる

衝突の解決

コーチング

**チームの成果を
引き出すマネジメント
コンピテンシー**

**フィードバック
文化の体現**

メンバーの行動変容を
促し、最適な選択肢を発見
させ、成長に目を向けさせる

**高業績チーム
の構築**

効率的な意思決定、実行、チームへの働きかけを通じて、
チームに成果に対する責任を持たせる
各メンバーのパフォーマンスを積極的に管理し、貢献を促す

人事考課以外でも、リアルタイム
で継続的にフィードバックする
積極的にチームメンバーに対しても
フィードバックする

出典：「Gitlab Handbook」を筆者翻訳

■ **チームの成果を引き出すマネジメントコンピテンシー**

アネス）や自らの行動や考え方を調整することを可能にします。
セルフ・アウェアネスとは、客観的に自分自身を見つめ直す能力
で、内省しながら自分の感情や状況、思い込み、衝動などを冷静
に見つめ直せます。感情的知性を持つマネージャーは、チームに
対して敬意と誠実さを保ち、チームメンバーの置かれた状況や課
題を客観的な視点で認識することができます。それによって自ら
の感情を適切にコントロールし、共感と理解を示したパーソナラ
イズされたマネジメントを提供できます。

　2つ目のコンピテンシーは、「**フィードバック文化の体現**」で
す。リモート組織ではリアルタイムのフィードバックがあらゆる
場所で継続的に行われ続けていることが重要です。フィードバッ

ク文化を醸成していくためには、マネージャーがまずフィードバックの模範となる姿を体現し続けていることが不可欠です。フィードバック文化を体現する具体的な行動の例としては、マネージャー自身が積極的に周囲からのフィードバックを求め、どのような厳しいフィードバックに対しても真摯に受け止めようとすることが挙げられます。同様にチームメンバーに対しても、日常的にリアルタイムフィードバックを提供し続け、フィードバックが当たり前に行われている状態をつくり出します。フィードバックを有効に活用できるようにフィードバックの提供や受け取り方をサポートし、チームメンバーがお互いにフィードバックを通じて学び合うオープンなディスカッションなどが行われるようにします。チームメンバーが課題に直面している際には、課題解決を学習の機会として設定し、フィードバックを通じながら成長を後押しします。

　3つ目が「**コーチング**」のコンピテンシーです。コーチングはマネージャーが将来の目標に向かってメンバーを導くための能力です。メンバーへの問いかけを通じて、学習や洞察を深めるための示唆を提供していきましょう。メンバーが自分の強みを自覚し、能力を伸ばせる可能性に気付かせていきます。メンバーに寄り添って深く傾聴することで、メンバー自身が自分の内面に気付けるようにサポートします。

　コーチングを提供するためにGROWモデルを活用するのもひとつの方法です。GROWモデルは、Goal（目標）・Reality（現実）・Option（オプション）・Way Forward（前進）からなるフレームワークです。Goalではメンバーにモチベーションを高めるようなインスピレーションを与える目標を設定します。Realityでは、現在の状況と将来の目標を達成するために越えなければ

ならない課題が何かを特定します。Optionは前進するために取り得る手段を検討します。Way Forwardでは、何をいつまでにするか具体的なアクションと期日を設定します。ここでコミットした行動を振り返りながら、改めてGoalに立ち戻ってサイクルを回していきます。コーチングはこうした問いをメンバーに与え、メンバー自らが進むべき道を発見できるように導きます。

4つ目のコンピテンシーは「**衝突の解決**」です。チームで進める仕事には、望ましいコンフリクト（衝突）と避けるべきコンフリクトが存在します。望ましいコンフリクトは、異なる意見の衝突からより良い選択肢が生まれたり、リスクをあらかじめケアできるようなものです。それに対して避けるべきコンフリクトは、人間関係の好き嫌いや政治的な争いなどが該当します。マネージャーは望ましいコンフリクトを促し、避けるべきコンフリクトは起こさないというようにチームのコンフリクトを管理し、より良い方向に導くスキルに精通しなければなりません。チーム内に存在している認識のズレを表面化し、解決できる環境をつくり出します。具体的には、メンバーの理解の違いを書き出して整理し、共通点と論点を特定して合意できる共通のゴールに向けて議論をファシリテートしたり、オープンに建設的な対話を行ったりすることで互いの理解を促進します。

最後が「**高業績チームの構築**」コンピテンシーです。高業績チームが示す特徴をチームにもたらすことで、継続的な成果を残していく能力です。高業績チームの特徴は、まず最終的なゴールとマイルストーンの目標に対して明確なビジョンを持つことです。次に目標達成とは関係のない業務やフォーカスを外し、達成に専念している状態を維持し続けることです。また、チーム内で生産的なコミュニケーションとお互いに信頼関係がある状態であるこ

とも重要です。最後にチームとして決定したことに対して、どのような感情があれコミットする責任感があることです。マネージャーはこうしたチームを実現するために関係性や課題を調整していきます。

　GitLabでは、下図のドレクスラーとシベットのチーム・パフォーマンス・モデルを活用してチームの課題や対策に対する共通認識を構築することを推奨しています。チーム・パフォーマンス・モデルは、高業績チームをつくるためにチームで行われる対話を促進するフレームワークです。どういった経緯や価値観でチームに属しているのかを理解し合うオリエンテーションから始まり、相互尊重による信頼の醸成、チームの共通目的であるゴールの明確化、どのような責任をチームのために担うのかコミットメントを行い、誰がいつ実行するのかを決定して、ハイパフォーマンス

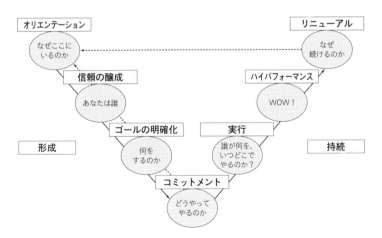

出典：The Grove Consultants International を参考に筆者翻訳
URL：https://www.thegrove.com/

■ ドレクスラー／シベットのチーム・パフォーマンス・モデル

に至ります。チームが完成したとしても、時間が経ったり状況が変わったりすることでチームを見直す必要が出てくることがあります。リニューアルはそうした状況に応じて、チームを維持するべきなのか見直すべきなのかを検討するプロセスです。多くのチームは前半の形成部分を飛ばして、いきなり実行のフェーズに入ろうとします。高業績なチームを実現するためには順を追ってチームを形成していくと良いでしょう。

　組織においてマネージャーが担う役割は非常に大きいものです。マネージャーに対して、これら5つのコンピテンシーを開発していくことでチームを機能させ、組織を成長させていけるはずです。

第12章

コンディショニングを実現する

本章では、GitLabが取り組んでいる**コンディショニングの方法や効率的に休暇を活用するために気を付けるポイント**について解説します。

　「コンディショニング」とは、スポーツの世界で最高のパフォーマンスを発揮するため、精神面・肉体面・健康面のコンディションを整える取り組みのことです。プロのスポーツ選手がパフォーマンスを発揮するために心身のコンディションを整えているように、コンディションのケアを意図的に行うことで、仕事でも継続的に高いパフォーマンスを発揮できるようになります。その結果として組織から評価され、報酬の面でもキャリア的にも人生をより豊かに過ごしやすくなるでしょう。

　一方で、リモートワークという仕事の環境は意図せずに心身のバランスを崩しやすい特徴を持っているため、パフォーマンスを「上げる」視点と同等に、パフォーマンスを「下げない」ためのコンディショニングを意識することが重要です。皆さんの周りでもリモートワークに切り替えたことで体調不良になったり、メンタル失調を患ってしまったりといった声を聞いたことがあるかもしれません。

　リモートワークにおいて人間の体調がどのような影響を受けているのかを理解することは、リモートワークを続けていく上でも重要な観点といえます。リモート環境においてコンディションを整えるためにGitLabが取り組んでいるさまざまな施策や知識をインプットし、パフォーマンスを出しやすいコンディションを維持できるようにしていきましょう。

環境感受性の違いを理解する

　環境感受性（Environmental sensitivity）とは、「ポジティブおよびネガティブな環境に対する処理や知覚の個人差」として定義される概念です。なかなかイメージしづらいので簡単に説明すると、外部からの刺激に対する敏感さともいえる感覚です。こうした感受性の個人差は、「遺伝子による生来の特徴」と「発達の過程における環境の影響」との相互作用によって決定されます[1]。感受性の違いによって、自分にとっては何の問題もない事象が、他の人にとっては強すぎる刺激になったり、逆に他人にとっては大したことのない刺激が自分には耐えられない刺激になってしまったりします。こうした違いが存在することを理解し、**自分は大丈夫だからといって他人も大丈夫であるわけではないこと**に留意しましょう。

　感受性が特に敏感な人はHSP（Highly Sensitive Person）と呼ばれ、周囲の環境から影響を強く受けてしまいます。こうした人たちはサポートを受けられる環境下では肯定的な感情が喚起されやすいのですが、逆にストレス化では否定的な感情が高まりやすいため[2]、メンタルヘルスを保つために、自分の内面にある情動を捉えてうまく対処できるスキルが必要になります。具体的には、自分が危機に感じていることは客観的に見て大きな問題ではないと認識できるようにしたり、自らの特徴を周囲に理解してもらって協力を得ることなどです。

　逆に感受性が低い人たちは、周囲の情報に注意を払わずに行動してしまう傾向があるため、周囲からの賛同や理解が得られず、ストレスをため込んでしまうことがあります。こうした人たちに

は行動を起こす前に情報を整理し、計画を立てるスキルが必要になります。自分が想定している行動を取った場合に、周囲はどのように感じるのかあらかじめフィードバックを得ておくことも良い方法です。また、感受性が低い人たちは幸福感を覚えるために多くの刺激が必要になるため、自室にこもり続けて他人との交流がない生活を続けていると徐々に情緒が摩耗してしまうかもしれません。

いずれの場合であっても周囲からの支援の有無によってメンタルヘルスを維持できるのかが左右されることがわかっています。そのため、精神面で健康を保つためには、**チームメンバーや周囲の人たちとの関係を構築し、支援を受けられる対人関係スキルが必要になってくる**でしょう。

しかし、個人の努力には限界があるため、組織としても対人関係スキルのトレーニングを提供しながら、しくみとしてカバーしていかなければなりません。特にリモートワークでは直接会うことが少ないため、支援を必要としているメンバーに気付けない場合があります。リモートワークであるからこそ、インフォーマルコミュニケーションや心身のコンディションを確認する機会を設け、こうした支援を必要としている人に早期に発見できるしくみを用意しましょう。その上で、常に組織から支援をされているのだとメンバーが信じられるようにコミュニケーションを続けていかなくてはなりません。

こうした感受性の違いをマネージャーやチームメンバーが相互に理解し、自らの特性に合った対処の方法や参照するドキュメントを知っておくことも重要でしょう。

休暇を取らないことは組織の弱点

　GitLabでは、休みを取らない人が存在することは2つの理由で組織における脆弱性がある状態だとみなしています。

　ひとつは当たり前ですが、**休みを取らないことでメンバーが疲弊してしまい、いつか限界を迎えてしまう可能性があること**です。長期間の無理をした結果、メンタル面や体調面で限界を迎えてしまうと早期に回復することは難しく、最悪の場合は退職して戻ってこられなくなってしまいます。こうした状況になるとお互いに不幸ですし、適切な休暇を取るだけで避けられる簡単に対処ができる問題でもあります。

　もうひとつの理由は、**休みを取らない人の業務が単一障害点になってしまうため**です。休みを取ることは、誰かがその人の代わりに役割を担うことになります。そのためには他の人が業務を引き継いで担当できるようにプロセスを言語化し、業務を委任できる形にしなければなりません。休みを取らないことでいつまでも属人化の状態が続き、他の人が代替できるようなしくみ化やドキュメント化が行われないという問題が生じてしまうのです。このことは、単一障害点の担当者が突然の体調不良や退職となった際には、誰も対応できなくなるリスクを秘めています。さらに、休むことによって他のチームメンバーが新しい仕事を担当できるチャンスにもなります。担当したことのない新たな経験を積むことで、能力を伸ばせるかもしれません。休まないことでこうした機会も得られなくなってしまいます。

　また、他の人と業務を分担することで新たな視点が加わり、より効率的な進め方が発見できる可能性もあります。業務内容が一

人の頭の中にしかない場合、思い込みや後回しから課題が改善されずに残り続けることも往々にして発生します。

　このような属人性を高めるような振る舞いは、GitLabのようなグローバル企業では「**知的謙虚さに欠けている**」とみなされており、休暇を取らないことや長時間労働を自慢するようなことはやめるようにいわれます。「知的謙虚さが高い」とは、自分が絶対的に正しいわけではなく、柔軟に考え方を変えられる状態です。「無知の知」にも近い考え方かもしれません。

　GitLabの場合は、1年間で少なくとも連続した2週間、合計で25日以上の休暇を取ることが推奨されています。このくらいの期間休暇を取っても問題なくビジネスが続くようなしくみをつくることは、組織にとってもメンバーにとっても持続可能性が高い関係性をつくることにつながるでしょう。

完全な休暇を過ごす

　休みの日にスマートフォンやパソコンでつい仕事の連絡を見てしまっているのであれば、休暇の間は完全に仕事から離れて徹底してリフレッシュするべきです。休暇の合間に仕事をしたり、連絡で気が散ってしまっては十分に休めません。オフの際には、デバイスやプロジェクトから完全に自分自身を切り離すことにコミットします。

　GitLabでは**しっかりとした休暇を取るために、どのようにチームメンバーに通達するか**といった点にも工夫が見られます。たとえば、休暇を取る前には休暇取得する予定の日取りから数えて、休暇日数の2倍以上前にチームに通達をしなくてはなりません。

つまり10日間休暇を取るのであれば、遅くとも20日前にチームメンバーに知らせます。

メールなどは不在の自動応答を設定し、Googleカレンダーも不在の設定をすることで予定はすべて辞退されるようにしておきます。他にも社内システムのステータスを不在に切り替え、参加しない会議はあらかじめ辞退しておきます。緊急対応が想定される場合には代理の担当者を指名し、重要なプロジェクトについては十分な説明を残してマネージャーに伝えておきます。

長期の休暇から戻った際に、すぐにパフォーマンスを発揮することは現実的ではありません。変化した状況のキャッチアップをするためにはある程度の時間がかかるでしょう。しかし、GitLabではそれでも休暇を取ることは生産的な活動であると考えています。

ロンドン・スクール・オブ・エコノミクスの共同設立者グレーアム・ウォーラスによると、創造性には4つの段階があり、準備、インキュベーション、イルミネーション、検証のプロセスを経ると説明されています。インキュベーションは「孵化」と訳し、課題に対して認識した後、一時的に課題を棚上げすることです。これによって一見無関係な他のアイデアと連結したり、通常の枠組みから外れた発想ができるようになりアイデアが広範囲に広がるきっかけとなります。イルミネーションはインサイトとも呼ばれ、断片的な情報が一貫した構造としてつながる瞬間を指します。インキュベーションとイルミネーションは何か仕事に取り組んでいるときではなく、仕事から離れているときに活性化されると考えられています。休暇によってより効率的な仕事の進め方に気が付いたり、活力のある状態で優先度を捉え直したりすることは、新しい視点に気付くきっかけを与えてくれるかもしれません。

十分にリフレッシュして休暇から戻ってきた際には、まずはチームメンバーとの気軽な雑談を繰り返し、休暇中の話を共有したり、どんなことがあったのかお互いに話し合ったりすることを推奨しています。特にリモート組織ではオフィスのように自然な雑談は発生しないため、意図的にこうした場を設けることは交流のための貴重な機会となります。

　このように休暇に集中できるようなしくみを組織として整え、ルールを徹底することによってリフレッシュできるようにしましょう。GitLabのように長期間休むことが難しい場合であっても、休暇中に一切業務と関わらないようにすることはできるはずです。

運動によって脳を整える

　運動が身体に良いことは子供でも知っていますが、運動の重要性は想像を超えて大きな影響を与えることがわかってきました。

　たとえば、ディーン大学のジェームズ・ブルーメンソールの研究[3]によると、うつ病患者に対して「運動を提供したグループ」と「ゾロフトという抗うつ剤を投与したグループ」を比較したところ、うつ病改善の効果はどちらも同じ程度改善しました。それに加えて、うつ病の再発率は運動を提供したグループのほうが低い（抗うつ剤38％／運動8％）という結果が出ました。つまり、抗うつ剤よりも運動のほうが効果的ということです。こうした研究から毎日20～30分程度のウオーキング（早足での散歩）を続けることでうつ病を防ぐ効果があることがわかっています。

　また、ストレスの抑制や記憶を司どっている「海馬」の細胞は加齢と共に毎年1～2％ずつ減少することがわかっています。し

かし、毎日40分程度のウオーキングをすることで海馬の細胞の減少は止まり、逆に海馬の細胞が増えるとの研究[4]もあります。

この他にもアンデシュ・ハンセンの著書『運動脳』（サンマーク出版）では、定期的な有酸素運動が集中力や創造性を向上させ、メンタル疾患や認知症を抑え、知力にまで影響を与えると説明されています。

リモートワークになることで今まで通勤のため駅まで歩いていた時間もなくなり、階段の上り下りもなくなり、季節や街並みの変化を感じる機会も減ってしまっているかもしれません。こうした状況は知らず知らずのうちに、脳と肉体をむしばんでいる可能性があります。リモートワークで働くからこそ、意図的に週2回・20分以上の有酸素運動を生活に取り入れ、人体の機能をメンテナンスしていくことを推奨します。

第**13**章

L&Dを活用して
パフォーマンスと
エンゲージメントを向上させる

本章ではL&D（Learning & Development）について説明を行い、**L&Dに関する考え方やノウハウの提供方法**を解説します。

ある意味日本で最もおろそかになっているのはL&Dの分野かもしれません。パーソル総合研究所による「APAC就業実態・成長意識調査（2019年）」によると、日本は自己研鑽をしている割合がアジア14カ国中最下位（何もしていないが46.3％を占める）であり、出世意欲も最下位であるなど、能力開発やキャリアアップについての意識が非常に低くなっています。多くの職場で行われている人材育成の取り組みを見ても、厳しい環境の中で自分の腕一本で成長してきた「叩き上げ」が尊敬され、すべての人がそうあるべきと考える組織が多いようにも感じます。

独力で成長を続けられるような優秀で向上心のある人材はさらなる成長を実現できる環境を求めて転職してしまう可能性もあるため、成長やチャレンジの機会、刺激を受ける同僚が存在することは大きな意味があります。

GitLabやトップクラスのグローバル企業ではL&Dに対する理解を深め、効果的に能力開発やキャリア開発の機会を提供することで、メンバー全体のパフォーマンス向上とKey Talentのような重要な人材をつなぎ留める努力を続けています。

日本においては、効率的なL&Dのしくみを提供している企業はまだまだ限られているため、この分野へ早期に取り組むことは他の企業への差別化の要因として意義がある分野かもしれません。経済産業省がリスキリングに関して積極的に動いていることもあり、今後は日本でもL&Dに対する注目度が上がるでしょう。Git-Labをはじめとする企業がどのようにL&Dを捉え、取り組んでいるのか理解していきましょう。

効果的な能力開発のプロセスを理解する

　人のスキルはどうすれば成長させられるのかという基本となる部分から理解していきます。

　まずは、「成長」という言葉の定義から確認します。成長には能力・スキルの取得や向上によって新たな難易度や種類の業務を達成可能になったり、結果を向上させることができるようになるという**「技術的成長」**と、役割を自覚したり、自らを律してなすべきことをなせるようになるといった**「精神的成長」**があります。技術的な成長が見られると周囲から認められたり、実績を上げたりすることで自信が付き、精神的な成長につながっていきます。精神的な成長に伴ってまた新たな技術的成長に取り組んでいくというサイクルが基本的な成長のあり方です。この2つの側面が混在していることで、成長という言葉がわかりづらくなっています。そのため、L&Dで提供していく成長も「技術的成長」と「精神的成長」に分けて考えてください。

　日本と海外を比較した場合、特に日本では「技術的成長」に関する取り組みに遅れが見られます。昨今のジョブ型雇用に関する議論などで、役割に求められるスキルを具体的に定義する傾向が見られるようになりましたが、まだまだ技術的成長を構造的に提供することには改善の余地があります。これは、従来の日本型雇用がジョブローテーションを前提とした所属企業における広範なスキルや人間関係を得ることを目的としていたり、叩き上げの管理職が「自分たちも教えられてこなかったのだから盗んで覚えるスキルアップが望ましい」という価値観を持っていたりするからかもしれません。

技術的成長を促すためには、**「現状のスキルレベル」**と**「目指しているスキルレベル」の可視化**が不可欠です。日本の企業はスキルのデータベースやスキルマップなどを活用することができておらず、所属しているメンバーがどのようなスキルを保有しており、どんなスキルをどの段階まで成長させなくてはならないかという基準が見えていないのではないでしょうか。「ゴール」と「現状」が見えていないわけですから、どんなギャップがあるのかもわからず、非効率な努力につながったり、どこから能力開発すれば良いのかわからないことになります。能力を開発するためには、特定職種に求められるスキルやレベルを特定し、その基準自体を共通認識として更新し続けていく必要があるでしょう。

　次に能力開発のプロセスを見ていきましょう。デイヴィッド・コルブによると、人間は「具体的経験」「内省的省察」「抽象的概念化」「積極的実践」を繰り返し、経験によって学習していくとされています。これは、「経験学習モデル」と呼ばれています。具体的経験とは実際に経験することで自らの頭で考え、行動し、その結果を受け止めることでさまざまな気付きを得るプロセスです。内省的観察とは、自分自身が経験したことを俯瞰的な立場から振り返ることで客観的な観察を行い、成功や失敗の要因を多角的に考察します。抽象的概念化とは、内省的観察で得られた情報をよりメタな観点で捉えて共通項や本質的な知見を抽出し、他の場面でも活用できるように汎用化することを意味します。最後の積極的実践は、抽象的概念化で得られた学びを用いて実験を行うことです。その実験の結果が最初のプロセスである具体的経験に戻り、次ページの図のようにサイクルを回していくことになります。

　この経験学習モデルのサイクル自体は日本でも行われているのですが、海外との大きな違いは**「抽象的概念化」**の部分です。個

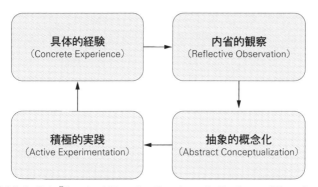

出典：Kolb, D,A,『Experiential Learning: Experience As The Source Of Learning And Development』（1984）をもとに筆者作成

■ コルブの経験学習モデル

人の努力で経験学習のサイクルを回している場合には、自分の頭で物事を概念として抽象化しなくてはなりません。しかし、世の中の誰もやったことがない業務であれば別ですが、大抵の業務は多くの人たちが同様の業務に従事しています。そのため、成長の過程は体系化され、研修や書籍として知見が整理されていることが多くあります。

　L&Dが充実している海外の企業では、マネージャーやL&D担当がコンピテンシーの構造化や体系化された知識を有しているため、参照すべきドキュメントやトレーニングを効果的に提供できています。個人が暗中模索しながら時間をかけて解決策を見いだすよりも、すでに先人が整理した知識を活用することで汎用化されている部分までは早期にキャッチアップできるようになります。そこを新たなスタート地点として、まだ体系化されていない先進的なテーマや困難なチャレンジに向き合えるようにしていくべきでしょう。

GitLabの場合もさまざまなトレーニング方法や知識に関して、ドキュメントや動画、外部サービスなどを用いてリーズナブルに学べる環境を用意しています。これによって経験が少ない業務も効率的にスキルを磨け、属人性を排しながらパフォーマンスを発揮できるようにしています。

　しかし、研修に対して意味がないと感じていたり、ネガティブなイメージを持っていたりする現場メンバーや人事もいるのではないでしょうか。仕事が忙しい中で研修に時間を取られ、研修が終われば学習した内容をすぐに忘れてしまうといったこともあるため、研修は意味のないものと感じてしまっているのかもしれません。

　これは研修が悪いのではなく、学習内容の活用方法が適切でないためです。研修は受講することが目的ではなく、研修によって得られた概念を積極的実践として活用し、スキルとして定着させていくことが目的です。多くの研修では定着まで追跡せず、座学で終わらせてしまっているので意味がないのです。

　研修を実務に活用し、経験を通じてスキルとして定着させることを「研修転移」といいます。研修転移を実現するため、概念をどのように積極的実践として活用するのかをドキュメントなどで宣言し、振り返りを行い、何度も練習を繰り返すことが必要です。こうした行動は独力で行うのは困難であるため、マネージャーやL&D担当が定期的にコミットメントと振り返りを行う機会を提供し、実際に能力が開発されているのかを確認していくことが効果的です。

個人開発計画（IGP）を作成して
キャリア開発ディスカッションを続ける

　能力開発を効果的に行うためには、**ひとりひとりが自分のキャリア計画を立てた上でコミットした行動を実行していく**必要があります。GitLabが推奨しているIGP（Individual Growth Plan）は、自分が実現したい目標や将来のキャリアを定め、その実現のためにどのようなチャレンジを行っていくのかアクションプランが書かれたものです。

　自分がどんな場面にやりがいを感じたり、どのような仕事を中心にキャリアを形成していきたいかといった自らの内面を整理し、今後のキャリアについて具体性を高めていきます。目指す開発目標を達成するためにどのような機会にチャレンジするべきかを見定め、具体的なプロセスやスケジュールを宣言します。GitLabではマネージャーと月に1回以上IGPについて話し合う機会を設け、コミットするアクションプランを定期的に見直しています。

　キャリア開発の機会を提供することはメンバー、マネージャー、組織にとって三方良しといえる素晴らしい取り組みです。キャリアを開発するためにはメンバーが要求水準の高い目標に対して挑戦し、今までの範囲を超えるパフォーマンスを発揮する必要があります。これによってチームのパフォーマンスとメンバーのスキルが向上するため、組織にとって大きなメリットとなります。また、優秀な人材は自分の能力を引き出してくれるマネージャーと働きたいと感じるため、パフォーマンスの高いメンバーの離職を抑え、マネージャー自身も周囲から評価されることになります。さらに、メンバー自身も実績と共に自らの市場価値を上げ、高いスキルを身に付けることができます。このようにIGPを作成し、

組織としてキャリア開発に向き合うことはウィンウィンウィンの関係を構築できる大きな意味があります。

360度フィードバックで能力開発を促進させる

　メンバーが能力開発に取り組んでいる中で、バイアスが影響することもあって、独力では自分の課題を正しく認識できないことがあります。また、課題が認識できても改善されているのかうまく見極められないため、効率良く能力開発することが困難です。360度フィードバックは客観的な視点から重要な気付きを与えてくれるため、気付いていなかった自分の強みを把握したり、改善すべきポイントを発見したりするために有効なツールとして活用できる可能性があります。

　GitLabの場合、360度フィードバックは能力開発が目的であるためパフォーマンス評価には活用していません。360度フィードバックはメンバー側から希望を出し、同僚やマネージャー、部下などを指名してフィードバックを受けます。指名されたメンバーはSBIモデルを活用して、具体的かつ解釈の余地が可能な限り少ない形でフィードバックを提供します。フィードバックを希望したメンバーとマネージャーは、自己評価とチームからの360度フィードバックを見比べながら、対話を通じて内容を読み解いていきます。

　マネージャーはメンバーがフィードバックに対して防御的にならないようにコーチングを行い、能力が伸ばせるポイントを探索します。見つかったテーマに対して、どのような状態を目指すのか言語化し、そこにたどり着くための計画を立て、IGPの内容を

更新して記録します。ここで書かれた内容もマネージャーとの1
on1で定期的に進捗状況を確認し、必要に応じてマネージャー
がサポートを提供することで能力開発が成功するように導きます。

　GitLabの場合、自己評価とチームからのフィードバックは
「**Start**」「**Continue**」「**Stop**」の3つの設問で構成されています。

　Startは対象者がチームの成功を支援するために新たに始めた
ほうが良いことです。「チームの成功を助けるために、対象者が
始められることを1つ挙げてください」という設問に回答するこ
とで明瞭にしていきます。Continueは対象者の優れている点で
あり継続するべきことです。「対象者が優れている点で継続すべ
きことは何だと思いますか」という設問に答えるようにします。
Stopは、対象者にとって最も改善を期待していることを回答し
ます。「対象者に対して真の意味でポジティブに変革をもたらす
ことができる、最大の改善機会は何だと思いますか」という設問
によって掘り下げることができるでしょう。

　自己評価と360度フィードバックでは、「Start」「Continue」
「Stop」それぞれの設問に対して10個のオプション選択肢の中か
ら3つまで選択して回答します。オプション選択肢は、「コラボ
レーション」「フィードバック」「インクルージョン」「イテレー
ション」「成果」「成長意欲」「効率性」「透明性」「専門技術」「そ
の他」で構成されており、GitLabのValueや成果を出すためのコ
ンピテンシーと紐付いています。

　このように構造化された360度フィードバックを行うことによ
って、自己認識とチームの認識のギャップから新たな気付きや盲
点を発見できるでしょう。ネガティブなフィードバックだった場
合には、ショックを受けることもあるかもしれません。しかし、
他の人からどう見えているのかという現実に向き合い、改善でき

る部分を探すことは本質的に能力を開発する際には避けて通れないポイントであるといえます。客観的なフィードバックによってバイアスを乗り越え、現実に向き合うことはビジネスやプロダクトづくりなどにも共通する学習の機会です。

暫定および臨時の役割について

GitLabではキャリア開発の一環として、「**暫定（Interim）**」と「**臨時（Acting）**」という役割が発生することがあります。「暫定」の役割はマネジメントに興味のあるエンジニアが、マネージャーの役割を体験するエンジニア限定の機会として用意されています。会議に参加したり、インターンの採用に関わったりするなど、暫定的な役割を経験できます。これによって、マネージャーになるためのさまざまな気付きを得たり、マネジメントではなく個人としての専門性を磨くほうが自分にとって適性があると気付けるかもしれません。

暫定の役割を希望する場合は社内人事システムで希望を出し、選考プロセスを経て承認を得ることで暫定マネージャーになることができます。暫定マネージャーは新しいメンバーの採用などの目標を持ち、採用できた人材の定着やその他目標が達成できれば実際のマネージャーになるための昇格検討が行われる形になります。

「臨時」は、組織の必要に応じて一時的につくられる管理職であり、一時的に役割を代理して一定の期間もしくは何らかの条件が満たされると元の役割に戻る状態です。こちらはエンジニアに限らず、すべての職種が対象となります。臨時の役割はキャリア

開発の一環として行われることもあれば、その役割の人が採用できるまでのつなぎの場合もあります。臨時期間が終了した際には、マネージャーはボーナスの適格基準を確認し、臨時の役割を果たした人に対して報います。

こうした機会を設けることで、従業員にとってはキャリア開発のチャンスが増え、組織にとっては意欲的な人材がポジションを求めて外部に流出するのを抑止したり、GitLabに適した人材をマネージャーとして昇格させたりすることができるようになります。

GitLabが提供している能力開発に対する各種サポート

能力を開発するためには、スキルが構造化されていることや周囲からのフィードバックがあること、能力を開発するための支援があることも重要ですが、独学で学習することにも大きな意味があります。

GitLabでは従業員が成長し、より高いパフォーマンスを発揮できるように、独学やセルフサービスを支えるサポートを用意しています。たとえば、バックエンドエンジニアとして働いているメンバーがより高度な知識を身に付けるために大学や大学院でコンピューターサイエンスを学んだり、ビジネスメンバーがプログラミング能力を身に付けるためのe-ラーニングを受講するといったことが可能です。

スキルを向上させたいと考えている人にとっては、会社が費用を負担してくれた上で専門的な知識を身に付けられるのであれば能力開発に対するモチベーションが上がり、会社に対するエンゲ

ージメントも向上します。会社にとっても学んだ知識によってよりレベルの高いパフォーマンスを発揮してくれるのであれば、大きなメリットとなります。

こうしたことを目的としたGitLabのサポートは多岐にわたり、アカデミックな知識を身に付けるための大学や大学院に通う費用であったり、専門的なプロのビジネスコーチからコーチングを受けたりすることも可能です。さらには、UdemyやCourseraといった豊富なコンテンツをそろえるオンラインコースを受講することもできますし、非英語圏の人材が活躍するための英語学習サポートといったコンテンツも提供しています。海外ではLinkedInを履歴書代わりに活用する事例もありますが、LinkedInが認証しているさまざまなコースを受講すると専門的な知識を有しているとLinkedInが資格に該当するようなバッジを与えてくれるため、キャリアの価値を向上させることも可能です。サイバーセキュリティ認定証やAWS認定ソリューションアーキテクトなどの資格取得も会社の補助が与えられ、体系化された知識を身に付ける機会とそれをキャリアの価値として保証してくれる資格を取得できるようになっています。エンジニア向けには技術書を数多く出版しているオライリーの技術トレーニングやエンジニアリングマネージャーに向けたCTOになるためのエグゼクティブコーチングなども提供されています。

その他にはモダンヘルスというサービスの活用がユニークかもしれません。モダンヘルスはキャリアや自信を持つためのコーチングなどを提供するだけでなく、セラピストが仕事の相談、ストレスマネジメント、恋人のつくり方、家族との関係、友人関係の悩み、出産や介護などのライフイベント、豊かなライフスタイルの実現など幅広く人生の相談に乗ってくれるサービスです。これ

を従業員だけでなく、従業員の家族やパートナーまで利用できる
ようにすることで、従業員が仕事だけでなくプライベートや従業
員の周りにいる人たちが及ぼすさまざまな人生の悩みといった、
パフォーマンスを低下させる出来事に対してケアを提供していま
す。

　こうした考え方はいかに効率良く能力を開発しパフォーマンス
を向上させるかといった観点だけではなく、ダイバーシティ＆イ
ンクルージョン、ビロンギングの観点からいかにパフォーマンス
を下げる要因を排除するかという考え方にもつながってきます。

　GitLabはあらゆる場所に存在するあらゆる人のパフォーマン
スを引き出し、コラボレーションを行うためにはどうすれば良い
のかという視点を持って組織をつくり上げているため、さまざま
な状況にある人たちがパフォーマンスを発揮することができ、良
いチームをつくり上げているのです。

おわりに　GitLabの考え方を自社に取り入れる

　ここまでGitLabがハンドブックを活用してどのように最先端のリモート組織を実現しているかを説明してきました。言語化やルール化へのこだわりに驚かれた方も少なくないのではないでしょうか。自分の組織で試してみたいと思った方もいるかもしれません。

　本書で紹介したさまざまなTipsをカジュアルに試すことも十分に意味があることですが、冒頭で説明した通りGitLabのやり方は組織設計から人事制度、業務フローまで一貫した思想によって構成されており、それによって効率性が最大化されています。組織が許すのであれば、第3章で説明したリモート組織を構成するプロセスに則って基礎をつくり上げ、徐々に本書に書いてあるような取り組みを組織全体でチャレンジしてください。

　本書によって効率的なリモート組織のつくり方がわかったとしても、そのやり方を皆さんが所属している組織が取り入れるかどうかは組織の状況に左右されるかもしれません。ヒエラルキーの傾向が強い組織に属している場合には、ボトムアップで組織のあり方を大きく変えるような主張を行ったとしてもなかなか受け入れてもらえない可能性もあるでしょう。参考までに、筆者がどのようなプロセスを経て自社の組織に「GitLab Handbook」のやり方を導入していったのか、実例を挙げて説明します。歴史が長い企業やITリテラシーがそれほど高くない企業であっても、筆者がこれから説明する要点を押さえてもらえれば、組織変革に前向きでない企業であっても導入を進めていける可能性が上がるかもしれません。

筆者の会社はリモート組織への移行を決定する以前、オフィス
で直接顔を合わせてコミュニケーションすることを重視している
どこにでもある小さな普通の会社でした。2020年にCOVID-19に
よって出社が制限されたことで、多くの組織と同じようにこれか
らどんな組織にしていくべきなのかを考える良いきっかけになり
ました。当時、所属組織における主流の考え方は、ウイルスの流
行が収まったらオフィスに戻り、今まで通り対面での業務を続け
ていくというものでした。

　しかし、人事責任者を担当していた筆者としては、今後の世の
中の変化に対して最適な組織を実現していきたいという思いがあ
りました。多くの働き手が半ば強制的にリモートワークを経験す
ることになるわけですから、これによってリモートワークが限ら
れた人の働き方であったものから一般的な選択肢へと変化してし
まうことは予測できました。リモートワークでパフォーマンスを
出せる優秀な人材が、リモートワークを断固禁止している会社を
就職先として選ぶ理由は少なくなります。多くの企業が何らかの
形でリモートワークを取り入れる必要があるという前提に立つと、
どうすればリモートワークのパフォーマンスを出せるのかを理解
する必要が生じ、その調査の中で「GitLab Handbook」に出会う
ことになりました。GitLabの取り組みや今までの実績を知るに
従って、ハンドブックに書かれた手法はリモート組織としてパフ
ォーマンスを上げられるという確信が強まったため、その手法を
取り入れ、所属組織を世界水準のリモート組織に移行するという
ゴールを設定しました。

　「GitLab Handbook」を読み込むことでパフォーマンスの高い
リモート組織をどうやったら実現できるかという手法については
理解できました。次は、どうやってリモート組織を目指す組織に

向けて変えていくかというフェーズに入ります。先ほど説明した通り、筆者の会社は対面コミュニケーションを重視するカルチャーでした。経営者にいきなりリモート組織に移行するべきであると主張しても即断することは難しいでしょう。想定しなければいけないリスクも考えるのが困難ですし、オフィスで対面で働きたい従業員からの反発も生じるかもしれません。喫緊での危機的な状況に陥っていない中で大きな変化を起こすためには、変化する目的が共有されていなくてはアラインできません。そのため、まずは対話を通じて組織内のマインドセットを変化させ、組織をより良くしていく意義があることを感じてもらうために行動しました。

　まず、組織を変革する上で重要になるキーマンたちと対話し、自分の課題感を共有し、仲間に加わってもらうことが重要でした。代表や他の経営陣、事業責任者、コーポレート部門のファシリティ責任者、長く在籍しているご意見番のような従業員など、組織の意思決定に影響を及ぼし、組織づくりのために協力してもらう必要のあるキーマンたちと対話するところから始めました。このときは私が人事責任者でしたので除外しましたが、人事責任者でない場合は人事責任者もキーマンに入るでしょう。

　協力者は多いほどスムーズに移行できるため、可能な限りキーマン以外にも多くの従業員と対話を行い、組織変革の理解者を組織内に増やしていきました。キーマンそれぞれに対して「変化させるべきである」という提案をいきなり主張するのではなく、「組織をより良くしたい」という意志を伝え、課題に対して意見が欲しいという対話姿勢で臨みました。筆者の場合は「リモートワークのパフォーマンスを最大化しながら、オフィスにいたときのような人間関係の温かみも維持できれば、オフィスとリモートワークの良い部分を兼ね備えた組織がつくれるのではないか」という

テーマを持ちかけ、助言を求めました。キーマンからアドバイスを出してもらうことで、キーマンのマインドセットが「提案の問題点を細かく見つけよう」という判定のマインドセットから、「組織をより良くするにはどうすればいいか？」という成長のマインドセットに変化できます。

そこでキーマンから出されたアドバイスを取り入れつつ、一緒に組織を良くしていくという協力関係を構築していきました。キーマンのアドバイスを活かし、同じ課題に共に向き合いながら、その一方でグローバルで成功している事例としてGitLabの手法を紹介し、キーマンからの意見を求めていきました。そういった状況になれば、キーマンはGitLabの方法を組織で活用できそうかというポジティブな視点で見てくれるようになります。「GitLab Handbook」の各項目には、根拠となる研究や参考文献などが用意されているため、前向きな視点で丁寧に理解してもらえれば十分にメリットが伝わります。そうしたことを積み上げていき賛同を得ることができました。

キーマンの協力が得られ、組織に改善のための機運が高まってきたタイミングで代表に働きかけ、経営会議の場などで「パフォーマンスの高いリモート組織を実現する」という会社公式のプロジェクトを発足しました。それ以降は私がリモート責任者として第3章で説明したリモート組織への移行プロセスに則ってタスクとスケジュールを書き出し、移行の計画を設定しました。全社員に対して説明会を実施し、都度キーマンからも意義とコミットメントをさまざまな場所で語ってもらえるように繰り返し求めます。このとき、リモート組織に移行する際には、最初は違和感を抱いたり、問題が発生したりすることをあらかじめ周知しておくことが重要でした。実際に筆者の場合も、移行してしばらくはオフィ

スのほうが良かったという声やテキストコミュニケーションが冷たく感じて怖いといった声が上がることもありました。しかし、あらかじめこういった問題が発生することを想定し、組織の中で粘り強く対処していく方針が定まっていたため、迷うことなく改善に向き合えました。このようにトラブルや問題で組織変革の勢いを殺さないためには、こうした問題が発生することは正しく移行が進んでいることであり、発生した事象に対応することで組織が完成していく、という前提をそろえることに注意する必要がありました。また、目安として最低1年は途中で戻さないことをコミットして取り組んでいます。

　ここまでの準備が整ったら、まずは最低限のルールでハンドブックを作成し、特に重要な守るべき要点を整理しました。Slackなどに質問ができるチャンネルを用意し、些細なことでも質問ができるようにして、ハンドブックへのURLを活用して回答します。このSlackチャンネルを運用することによって、多くの人が他の人の質疑応答を見ることができ学習が進みます。また、新しい質問への回答があった際にはハンドブックへと回答を反映し、次に同じ質問があったときにURLを見れば解決できるようにハンドブックを育てていきます。それと同時に新入社員に向けたオンボーディングを整備し、新しい社員がリモート組織に馴染めるように十分な支援を提供できるように取り組みました。

　リモート組織の運用を続けるうちにテキストコミュニケーションを苦手としているメンバーが出てきたり、孤独感を覚えるメンバーから相談を受けたりするといった問題が発生します。そうした問題に対してトレーニングを提供したり、インフォーマルコミュニケーションの機会を用意したりするなど、本書で説明したような施策を実施することで対処していきました。私たちの場合は、

オフサイトという名目で3カ月に一度は集まれる人で1カ所に集まってダイアログやディスカッションを行ってコミュニケーションの機会をつくっていました。こうした改善を繰り返すことで徐々にリモート組織の進め方が浸透していき、北は北海道、南は九州から新入社員が入社してくることでオフィスに集まることを前提としない業務の進め方が当たり前になっていきました。最近では、沖縄でワーケーションをしたり、日本とオーストラリアの二拠点勤務をしているメンバーなども増えてきています。

　こうした運用を約2年間続けてきた結果、安定的な運用と高いパフォーマンスを発揮できるようになり、輝くテレワーク賞などのさまざまな表彰をいただけるまでになりました。

　「GitLab Handbook」に書かれた組織づくりのノウハウを実際に組織に浸透させるためには、運用に対する正しい理解と継続的な組織としてのコミットメントが不可欠です。しかし、努力は必要ですがGitLabの取り組み自体は奇抜なものではありません。堅実に積み重ねることで誰もが再現でき、高いパフォーマンスの組織を実現させることが可能です。ぜひ、本書を読み込み、ご自身の組織を良くするためにご活用いただければ幸甚です。

　最後になりますが、本書の刊行にあたりGitLab社のハンドブック運用状況など内部の声をお聞かせいただき、筆者の解釈に相違がないかアドバイスをいただくなど多大な貢献をいただいた監修の伊藤俊廷氏、佐々木直晴氏の両氏に特に謝意をお伝えしたいと思います。また、このような機会を与えてくださった翔泳社、本書で扱ったあらゆる研究者、助言いただいたすべての友人に心から感謝を述べたいと思います。

2023年9月　千田 和央

注

第1章　世界最先端のリモート組織「GitLab」

1 Harvard Business School, GitLab and the Future of All-Remote Work (A)

第2章　リモート組織によって得られるメリット

1 Reeve, J. (2018). Understanding motivation and emotion(7th ed.), Wiley

2 Mark, Gloria & Gudith, Daniela & Klocke, Ulrich. (2008). The cost of interrupted work: More speed and stress. Conference on Human Factors in Computing Systems - Proceedings. 107-110. 10.1145/1357054.1357072.

3 45 WFA + Remote Work Statistics for 2021: Understanding Remote Work Data

https://owllabs.com/blog/remote-work-statistics

第2部　世界最先端のリモート組織へ移行するためのプロセス

1 Paschal Sheeran, Thomas L. Webb, & Peter M. Gollwitzer（2005）

第3章　リモート組織を構築するためのプロセス

1 GitLab Handbook, How to create the perfect home office setup for remote working

2 Chen, G. & Klimoski, R. J. (2003). The impact of expectations on newcomer performance in teams as mediated by work characteristics, social exchanges, and empowerment. Academy of management Journal, 46(5), 591-607.

3 Bauer, T. N., Bodner, T., Erdogan, B., Truxillo, D. M. & Tucker, J. S. (2007). Newcomer adjustment during organizational socialization: A meta-analytic review of antecedents, outcomes, and meth-

306

ods. Journal of applied psychology, 92(3), 707.

4 Google 'Re:Work

5 ジョン・T・カシオポ、ウィリアム・パトリック『孤独の科学』(河出書房新社)

6 Dorsal Raphe Dopamine Neurons Represent the Experience of Social Isolation. Gillian A. Matthews et al., 2016.

7 The Mental Health Continuum: From Languishing to Flourishing in Life. Corey L. M. Keyes, 2002.

8 Rilling, J., Gutman, D., Zeh, T., Pagnoni, G., Berns, G., & Kilts, C. (2002). A neural basis for social cooperation. Neuron, 35, 395-405.

9 Bartels, A. & Zeki, S. (2004). The neural correlates of maternal and romantic love. Neuroimage. 21, 1155-1166.

10 Aron, A., Fisher, H., Mashek, D. J., Strong, G., Li, H., & Brown, L. L. (2005). Reward, motivation, and emotion systems associated with early-stage intense romantic love. Journal of Neurophysiology, 94, 327-337.

11 Izuma, K., Saito, D. N., & Sadato, N. (2008). Processing of social and monetary rewards in the human striatum. Neuron, 58, 284-294.

12 Schultz, W. (2007). Multiple dopamine functions at different time courses. Annual Review of Neuroscience, 30, 259-288.

第4章　リモートワークで発生する問題と対策

1 Working anytime, anywhere: The effects on the world of work, 2017.

第5章　カルチャーはバリューによって醸成される

1 Zajonc, R. B. (1965). Social facilitation. Science, 149, 269–274.

2 Ringelmann, M. (1913) "Recherches sur les moteurs animés: Travail de l'homme" [Research on animate sources of power: The work of man], Annales de l'Institut National Agronomique, 2nd series, vol. 12, pages 1-40.

3 Mullen, B., Johnson, C., & Salas, E. (1991). Productivity loss in brainstorming groups: A meta-analytic integration. Basic and Applied Social Psychology, 12(1), 3–23.

4 Miner, A. G., Glomb, T. M., & Hulin, C. (2005). Experience sampling mood and its correlates at work. Journal of Occupational and Organizational Psychology

5 Rocio Lorenzo and Martin Reeves, "How and Where Diversity Drives Financial Performance", January 30, 2018（ボストンコンサルティンググループ）

Harvard Business Review「組織の多様性はどこで、どのように業績を高めるのか」から引用

6 Credit Suisse "performance update: The CS Gender 3000 in 2019: The changing face of companies"

7 谷口真美（2014）「組織成果につながる多様性の取組と風土」RIETI Discussion Paper Series 14-J-042

8 内閣府『令和元年度　年次経済財政報告』

9 Why Belonging Is Important at Work: Employee Engagement and Diversity (2020)

10 Peak Performance: How Combining Employee Engagement and Performance Management Fuels Organizational Success (2019)

11 The Value of Belonging at Work（2019）

第7章　リモート組織におけるオンボーディングの重要性

1『入社後活躍研究所』×甲南大学 尾形真実哉教授との共同研究「中途入社者へのオンボーディング施策」に関する分析結果を発表

第8章　心理的安全性の醸成

1 Fehr, E & Gächter, S.(2002), Altruistic punishment in humans. Nature, 415, 137-140.

第11章　マネージャーの役割とマネジメントを支援するためのしくみ

1 Erdogan, Berrin, and Talya N. Bauer. "Leader-member exchange (LMX) theory: The relational approach to leadership." (2014).

2 Park, Do-Hyung & Lee, Jumin. (2008). eWOM overload and its effect on consumer behavioral intention depending on consumer involvement. Electronic Commerce Research and Applications. 7. 386-398. 10.1016/j.elerap.2007.11.004.

3 Chen, Ziguang & Lam, Wing & Zhong, Jian. (2007). Leader–Member Exchange and Member Performance: A New Look at Individual-Level Negative Feedback-Seeking Behavior and Team-Level Empowerment Climate. The Journal of applied psychology. 92. 202-12. 10.1037/0021-9010.92.1.202.

4 Jon L. Pierce, Donald G. Gardner, Larry L. Cummings, and Randall B. Dunham, 1989: Organization-Based Self-Esteem: Construct Definition, Measurement, And Validation. AMJ, 32, 622–648.

5 Huselid, M.（1995）The Impact of Human Resource Management Practices on Turnover, Productivity, and Corporate Financial Performance, Academy of 13 Management Journal, Vol. 38, No.3, pp.635-672.

6 Shaw, J. D., Duffy, M.K, Johnson, J.L. and Lockhart, D.E.（2005）Turnover, Social Capital Losses, and Performance, Academy of Management Journal, Vol.48, No.4, pp.594-606.

7 Jiang, K., Lepak, D.P., Hu, J. and J.C., Bear（2012）How Does Human Resource Management Infuluence Organizational Outcomes? A Meta-analytic Investigation of Mediating Mechanisms, Academy of Management Journal, Vol. 55, No.6, pp.1264-1294.

第12章　コンディショニングを実現する

1 Pluess, Michael (2015-09). "Individual Differences in Environmental Sensitivity". Child Development Perspectives 9 (3): 138–143. doi:10.1111/cdep.12120.

2 Pluess, M., Lionetti, F., Aron, E. N., & Aron, A. (2020, August 19). People differ in their sensitivity to the environment: An integrated theory and empirical evidence.

3 James A Blumenthal 1, Michael A Babyak, Christopher O'Connor, Steven Keteyian, Joel Landzberg, Jonathan Howlett, William Kraus, Stephen Gottlieb, Gordon Blackburn, Ann Swank, David J Whellan.(2012, August).Effects of exercise training on depressive symptoms in patients with chronic heart failure: the HF-ACTION randomized trial

4 Modifiable factors that alter the size of the hippocampus with aging. Nat.Rev. Neurol 2012 Mar. Fotuhi M et al.

プロフィール

【著者】
千田　和央（ちだ・かずひろ）

LAPRAS株式会社の人事責任者。
株式会社リクルートキャリア（旧名・株式会社リクルートエージェント）や株式会社ドワンゴの採用責任者を経て、現職まで一貫してエンジニアの採用や組織づくりに約10年間従事。兼業でスタートアップや上場企業の制度設計、採用コンサルなどにも携わる。エンジニア採用の学習プロジェクトEngineer's Recruiting主催。著書に『採用・人事担当者のためのITエンジニアリングの基本がわかる本』（共著・翔泳社）がある。

【監修】
伊藤　俊廷（いとう・としたか）

日本のSIerでソフトウェア開発、プロジェクト管理、技術調査、海外勤務などの業務に従事した後、アメリカのアプリケーションセキュリティベンダーにて、戦略顧客にソリューションを導入する任務を担う。
現在は、GitLabのAPACリージョンのソリューションアーキテクトとして、技術とビジネス戦略の両面からグローバル市場の顧客がDevOps/DevSecOpsでの成功を実現できるように導く。働き方や組織のあり方に強い興味があり、佐々木直晴と共に以下を発表した。

「GitLabで学んだ最高の働き方」
https://learn.gitlab.com/c/gitlab-presentation-developers-summit?x=JBqxmQ

「組織の自律自走を促すコミュニケーション」
https://learn.gitlab.com/effective-communication-for-autonomous-organization/gitlab-presentation-developers-summ

佐々木　直晴（ささき・なおはる）

2010年野村総合研究所に入社。Webシステムを中心とした開発のテクニカルメンバーとしてさまざまな業種のアジャイル開発プロジェクトに参画し、アーキテクチャ設計やCI/CD環境構築などを担当。
2021年7月よりGitLabに入社し、シニアソリューションアーキテクトとして、導入に際する技術検証や顧客社内の開発プロセスの可視化・刷新などに従事。

| カバーデザイン | 沢田幸平（happeace） |
| DTP | 一企画 |

GitLab に学ぶ
世界最先端のリモート組織のつくりかた

ドキュメントの活用でオフィスなしでも最大の成果を出すグローバル企業のしくみ

2023 年 9 月 11 日　初版第 1 刷発行
2024 年 1 月 10 日　初版第 4 刷発行

著者	千田 和央
監修	伊藤 俊廷、佐々木 直晴
発行人	佐々木 幹夫
発行所	株式会社 翔泳社（https://www.shoeisha.co.jp）
印刷・製本	中央精版印刷 株式会社

ISBN978-4-7981-7942-1　　　　　　　　　　　　　　　　Printed in Japan